AF370305

ESSAI

SUR

L'ART DE FAIRE LE VIN.

IMPRIMERIE DE FAIN, PLACE DE L'ODÉON.

ESSAI

SUR

L'ART DE FAIRE LE VIN.

EXTRAIT DU COURS D'AGRICULTURE.

Par M. Le Baron ROUGIER DE LA BERGERIE,

Ancien Membre de la première Société royale d'agriculture de Paris ; du Comité d'agriculture et de commerce de l'Assemblée Nationale ; du Conseil d'agriculture et des arts établi au Ministère de l'Intérieur ; Auteur de plusieurs ouvrages agronomiques ; Membre ou Associé de plusieurs Sociétés savantes, nationales et étrangères ; ancien Préfet.

Tot vina, quot agri. PLINE.

A PARIS,

CHEZ { AUDOT, Libraire, rue des Maçons-Sorbonne, n°. 11.
MONGIE l'aîné, Libraire, Boulevart Poissonnière, n°. 18.

1821.

ESSAI

SUR L'ART DE FAIRE LE VIN,

PRÉCÉDÉ

1°. *De réflexions sur la fausse direction des sciences physiques en France.*

2°. *D'un sommaire chronologique des ouvrages sur la vinification, depuis 1750, jusqu'en 1792.*

3°. *De l'examen critique du système de M. le comte Chaptal.*

4°. *De la réfutation de la méthode de M. et de Mᵉˡˡᵉ, Gervais, sous leur appareil vinificateur.*

Tot vina, quot agri. Pl.

·······················

PREMIÈRE PARTIE.

§ Iᵉʳ.

Des sciences physiques en agriculture.

Sɪ les académies des sciences, et surtout celle de Paris, n'avaient pas constamment montré des mépris dédaigneux pour les travaux des champs et pour ceux qui s'y livrent, nous n'aurions pas à gémir encore aujourd'hui, des erreurs de l'ignorance qui égarent et poursuivent sans cesse les propriétaires fonciers; nous n'aurions pas vu le théâtre des

champs sans cesse envahi par une foule de charlatans, de scribes à gages et de faux savans, tous
intrépides flatteurs et intrigans, et qui, la plupart,
nés, élevés et formés dans la capitale, se sont ar-
rogés en quelque sorte le droit de dicter des leçons, et quelquefois même des ordres aux hommes
de pratique des campagnes. Audacieux jusqu'à produire, comme résultats réels et attestés, des résultats qui n'étaient que dans leur imagination ou dans
leurs calculs, ils n'ont jamais été contredits, ni par
les hommes de la haute science, ni par ceux du
gouvernement, parce que ces derniers, malheureusement, ont toujours considéré l'agriculture, comme
un domaine obligé de fournir, telle chose qui arrive, du blé, du vin et des troupeaux, et de payer
l'impôt; l'agriculture, enfin, est pour eux, à peu
près, ce que la Providence est pour les sauvages,
qui ne s'inquiètent jamais du lendemain ni de l'a-
venir.

Dans aucun temps de notre monarchie, peut-être,
l'agriculture n'a été plus en mépris de la part des
hommes du gouvernement et de ceux de la science,
que dans le siècle de Louis xiv; c'est alors que la
féodalité exerçait tout son orgueil et ses droits su-
zerains, et avec plus de rigueur que le monarque
superbe n'exerçait lui-même son empire sur la no-
blesse de la cour et des provinces. C'est alors que
Colbert, si différent de Sully, fit une perpétuelle
abstraction de l'agriculture, dans ses desseins de faire
fleurir l'industrie et le commerce de la France;

c'est alors que les Perraut, Lamotte, Terrasson, et tant d'autres, accusaient hautement le prince des poëtes et le père de la science, de manquer de goût et de génie, parce qu'il avait exprimé des choses rustiques et mis en scène des laboureurs et des gardiens de troupeaux. N'est-ce pas pour cette cause-là même, que le bon La Fontaine a été repoussé et méconnu par la cour et par l'académie ; car il avait aussi fait raisonner des pâtres, des laboureurs, des meuniers, et nommé d'ailleurs chaque chose par son nom. Tous les détails *grossiers* sur l'agriculture avaient même déterminé un de ces académiciens *à refaire Homère* ; ces puristes ne pouvaient pas supporter l'idée, que des héros vinssent dompter des taureaux et des mules.

Le ton de l'opinion de la cour et de l'académie française régnait également dans l'académie des sciences de Paris : jetons un coup d'œil rapide sur les travaux du temps.

En 1687, on y dissertait vivement sur la validité du baptême fait avec du vin.

En 1688, M. Delahire expliquait les éclipses et les comètes par des calculs et par des hypothèses.

En 1692, L'académie royale des sciences de Paris se disputait avec l'académie royale de Londres, sur des analyses de cornes de limaçon.

En 1693, et souvent après encore, M. l'abbé de Vallemont entretenait l'académie de la philosophie corpusculaire, de la baguette divinatoire et des curiosités de la nature ; il enseignait qu'avec une pincée de nitre, on faisait croître et pommer les choux à vue d'œil; qu'avec des infusions de liqueurs spéciales et odoriférantes, écoulées à travers des racines forées, on changeait à volonté les couleurs et le parfum des fleurs et des fruits.

En 1701, on mettait en vogue le *ferment seminal*: M. Lémery s'occupait de la végétation du fer; M. Homberg, de la vitrification de l'or; M. Chomel, de savoir si le tabac rompait le jeûne; M. Geofroy, pour servir de remède, distillait l'urine de vaches qu'il nommait *l'eau de mille fleurs*.

En 1706, M. Halley publiait deux gros volumes sur la section de l'espace.

En 1708, M. l'abbé Rousseau, médecin du roi, s'élevait avec indignation contre les levains mêlés; pour lui, une dégénération, symbolisait avec le péché originel; le miel était le seul levain universel, propre à faire fermenter toutes les substances. Le miel, disait-il, est un esprit universel de l'air, lequel se corporifie avec la rosée... Cet esprit s'unit avec les plantes et avec le nitre corporel de la *terre labourable*; il produit la végétation, et dans une fermentation artificielle il produit les mêmes effets.

En 1709, M. Liger produisit son livre, triste recueil des vieux livres et des almanachs qui avaient précédé; il doutait que du blé d'un an eût une faculté germinative; il s'en expliqua dans le Journal des savans, et nul, dans l'académie et dans le gouvernement n'éleva la voix sur ce sujet. Cependant l'affreuse famine alors désolait la France; les travaux de l'académie des sciences, dans le cours de cette année 1709, sont la satire la plus forte de son triste esprit public.

En 1720, il n'était question à l'académie, que du nitre pour fertiliser la terre ; c'était l'agent de la nature, l'*arthée céleste*.

En 1731, le gouvernement ne sachant plus à quel saint se vouer pour avoir l'abondance des blés, s'avisa, comme aux temps de Dioclétien, de défendre de planter la vigne, et il accorda des primes, des faveurs, des priviléges à ceux qui défricheraient les paquis, les bois et les coteaux pour y semer des grains : fatale mesure pour la France !

En 1746, l'opinion n'était pas devenue meilleure pour l'agriculture ; Voltaire, dans son discours de réception à l'académie, disait : « Pourrions-nous » imiter aujourd'hui l'auteur des Géorgiques, qui » nomma sans détours tous les instrumens de l'agri- » culture ; à peine les connaissons-nous, et notre » mollesse orgueilleuse, dans le sein du repos et du » luxe des villes, attache malheureusement une idée » basse à ces travaux champêtres et au détail de ces » arts utiles que les maîtres et les législateurs de la » terre cultivaient de leurs mains victorieuses. »

« Si nos bons poëtes, continue-t-il, avaient su » exprimer heureusement les *petites choses*, notre » langue ajouterait ce mérite qui est très-grand.... » Le langage du cœur et le style du théâtre ont en- » tièrement prévalu, mais ils en ont resserré les » agrémens dans des bornes trop étroites. »

Digne des Lamotte et des Térrasson, Desfontaines avait déjà dit : « C'est dans ce genre didactique que » notre langue fait sentir sa stérilité, parce que ce » genre a pour objet une chose grossière et com-» mune, comme les travaux de la campagne; loin » de pouvoir alors nous exprimer en vers, avec » quelque élégance, nous ne le pouvons pas même » en prose.

» Les préceptes sur les arts libéraux peuvent » être donnés avec élégance; mais il n'en est pas » de même à l'égard des arts *mécaniques* et gros-» siers, tels que l'agriculture et les arts de cette » espèce; pourrait-on donner des préceptes en vers, » sur de telles choses, sans *dégoûter ses lecteurs*. »

La France, au surplus, dans le 18e. siècle, a vu éclore quatre poëmes sur l'agriculture; deux en latin, deux en vers français; dans ces quatre poëmes, il y a un peu de tout, excepté de l'agriculture.

En 1750, Maupertuis remuait toutes les académies de l'Europe, pour faire déterminer la figure de la terre, pour faire explorer le pays des Patagons, pour faire sauter les pyramides d'Égypte, afin de connaître les motifs de leur construction.

En 1760, M. Duhamel du Monceau, chargé de titres et de places, dans le gouvernement et les sciences, prend en main le sceptre de l'agriculture; mais il admet le plus vain et le plus faux des systèmes, en physique et en agriculture : celui de Tull, Anglais, dans lequel les fumiers sont inutiles pour faire venir du blé; tout-à-fait séduit, l'académicien français lutte et combat pour le système anglais ; il fait peu de sensation parmi les praticiens de France, mais la méthode est accueillie par tous les amateurs du temps, et il y en a eu toujours beaucoup ; elle le fut surtout à Genève qui de fondation a une chaire pour l'erreur.

Duhamel, cependant, s'est acquis une réputation colossale, au moins dans les sociétés savantes, parmi les gens du monde et dans la librairie ; il avait sans doute des connaissances, mais le fonds de sa science en agriculture, provenait de celle de M. son frère, M. Duhamel de Dénainvillers ; ce dernier mettait en œuvre les procédés agronomiques, et l'académicien les mettait en style.

Si dans tous les livres d'agriculture que celui-ci a fait imprimer, on retranchait tout ce qui est dû à M. son frère, et pour la physique des arbres, tout ce qu'il a reçu de M. de Berriays (1), la part de l'académicien, en si grand renom, serait bien

____

(1) M. de Berriays a été un de nos plus habiles praticiens pour la conduite des arbres à fruits. Louis XV voulut apprendre à greffer, ce fut M. de Berriays qui lui fut indiqué et qui eut l'honneur d'avoir ce monarque pour disciple ; S. M. essaya sa première greffe sur la cerise de Montmorency : l'arbre greffé existe peut-être encore au grand Trianon. L'académie de Caen a payé un juste tribut d'éloge et de vénération à ce digne savant, que l'académie et le gouvernement ont abandonné et laissé dans un état voisin de la pauvreté. L'esprit philosophique de cet éloge fait honneur à l'académie de Caen.

petite. Notre observation, au surplus, n'a rien d'of-
fensant, car M. Duhamel, lui-même, s'est honora-
blement rétracté de l'adoption qu'il avait faite du
système de Tull; nous ne sommes pas les seuls, au
surplus, qui pensions ainsi de M. Duhamel.

Nous lisons dans les mémoires et correspondances
de Mme d'Épinaï, Diderot et baron d'Holbach, que
ce savant était accusé de plagiat, relativement à
ses étuves pour le blé, et desquelles il a été si souvent question dans notre économie; il paraîtrait
que l'ouvrage original était de B. Inthierri, savant
de la Toscane, géomètre et célèbre mécanicien.
M. l'abbé Morellet, le philosophe de l'économie politique, avait connaissance de ce plagiat. Tous les vieux
académiciens actuels, savent cela tout aussi-bien
que nous, mais ils ont tant de respect pour le vieux
patronage, et pour cause, qu'ils n'osent pas en faire
l'aveu : La vérité peut compromettre quelquefois,
mais elle honore toujours.

En 1763, M. Duhamel, encore, ne put se défendre d'adopter le semoir que les Patulo et de Châ-
teauvieux, échos des Anglais, proclamèrent à l'envi ; ils annonçaient avec une assurance perfide
des millions de setiers d'économie, une fertilité
indéfinie et une abondance constante. (Les semoirs
sont encore en question, si ce n'est chez M. Las-
teyrie.)

En 1767, l'académie royale de Prusse publia un
programme qui aurait dû dessiller les yeux des aca-

démiciens de France, si l'utilité commune avait fait partie de leur esprit public.

L'académie de Prusse disait dans son programme : « Qu'elle avait reconnu que, si l'agriculture faisait peu de progrès, c'était parce que les plus habiles agriculteurs étaient pour l'ordinaire de mauvais physiciens; comme à leur tour, les plus grands physiciens n'avaient qu'une connaissance fort imparfaite *des travaux de la campagne*, quoique cette connaissance (portait ce programme) *fût cependant très-propre à leur fournir souvent des applications déterminées.* » Ce qui est avancé par les théories (est-il dit encore) *échoue fréquemment*, tandis que les cultivateurs se fondent uniquement sur l'expérience ; il arrive alors que ceux qui veulent les imiter, tombent presque toujours dans des contradictions.

L'académie, en conséquence, invitait les savans de tous pays à travailler sur la question suivante : « *Exposer les moyens déterminés de lier entr'elles la philosophie et l'économie rurale…. et en particulier, de rapporter à des principes susceptibles d'application, l'influence de la physique sur les diverses parties de l'économie rurale.* »

Le prix était une médaille d'or de 50 ducats.

Un tel programme et de telles pensées, nous n'hésitons pas à le dire, auraient dû mettre l'académie des sciences de Paris, à l'unisson de celle de Prusse : cette époque d'ailleurs était celle de la philosophie et l'ère fameuse de notre économie politique, mais les savans académiciens de France, ont persisté avec une sorte d'orgueil dans leurs mêmes et vieux erremens, afin de rester étrangers aux choses *grossières* et *communes*, comme celles de l'agriculture.

Qu'est-il arrrivé ? Le royaume de Prusse, dont le sol est si ingrat, a vu de plus en plus fleurir son agriculture, son industrie et son commerce, et, la France, depuis 1757 jusqu'en 1789, a lutté sans cesse, contre les disettes, contre les charlataneries et contre tous les excès du fisc ; c'est un fait historique, au surplus, que la Prusse, sous le règne de son roi guerrier, et philosophe pourtant, a été le pays le mieux cultivé de toute l'Allemagne.

L'académie des sciences de Paris, formée en institut, a poursuivi imperturbablement encore sa même carrière, comme dans les 17e. et 18e. siècles ; elle avait tant de choses bonnes et utiles à faire alors pour toute notre agriculture ! Elle a imaginé un système métrique impraticable et bizarre à force de science et d'érudition, emprunté de tous les siècles et de toutes les langues ; et les propriétaires fonciers, les agriculteurs et les économistes qui soupiraient, depuis le siècle de Lhospital, après l'uniformité des poids et mesures, sont restés étrangers à une vaine et pompeuse nomenclature ; car enfin il faut bien se pénétrer qu'une académie, telle grande que soit sa puissance morale, fût-elle soutenue par un gouvernement de terreur, n'aura jamais celle de faire une langue nouvelle au peuple.

Des choses magnifiques, sans doute, ont été faites

d'ailleurs ; le système du monde a été révélé ; le problème de la mécanique céleste a été résolu , et c'est l'auteur même qui en a fait le modeste aveu ; on a compté infiniment plus d'étoiles ; on a découvert d'autres planètes ; on a épié et expliqué des comètes et leur queues ; on a supposé des volcans dans la lune, pour expliquer la chute des pierres de foudre que Lalande nommait plaisamment des esquilles de planètes ; on a démontré avec le secours du calcul infinitésimal, les réfractions astronomiques et terrestres : c'est dans ce livre, a dit un insigne flatteur , que sont déposées, comme dans celui du grand Newton, LES MÉDITATIONS SÉCULAIRES DU GENRE HUMAIN.

On sait de plus encore, que la parallaxe annuelle des étoiles ne varie pas d'une seconde ; ce qui suppose une distance de sept millions de millions de lieues.

Que n'a-t-on pas dit encore sur les taches du soleil , sur les tubes capillaires, sur les probabilités (1) philosophiques, sur la mécanique analytique , sur le cortége effrayant des mots nouveaux en chimie, en physique, en botanique, en histoire naturelle ; sur la théorie de l'équilibre et des mouvemens , sur tous les gaz, sur la philosophie végétabiliaire.

---

(1) En voici une : il y a dans une urne, 100,100,100, de billets ; s'il y en a un noir, les autres blancs, la probabilité que le billet sera blanc, est égale à 99,999,999 ; le célèbre auteur ajoute : c'est un des travaux les plus utiles.

L'académie ne s'est occupé du cadastre, que pour couvrir la France d'un rézeau de triangles, pour y trouver la grandeur et la courbure de la surface de l'Europe ; mais elle n'a rien vu de mal pour l'avenir, dans l'excès continu des défrichemens qui mettent à nu des millions d'arpens d'un sol jadis végétal ou couvert de bois ; elle ne voit rien dans la destruction générale et rapide de nos forêts, des bois et des arbres ; dans la diminution du volume des eaux ; dans le tarissement des sources, suite nécessaire et *physique* pourtant, de la destruction des grands végétaux ; elle ne voit rien encore dans l'écobuage qui stérilise les terres élevées ; elle ne voit rien enfin dans la question générale du rouissage des chanvres et des lins, dont les quantités, les qualités, et les méthodes intéressent si vivement l'agriculture, l'industrie et la salubrité.

Quels sont les charlatans qu'elle a démasqués, lorsqu'ils ont fait publier des liqueurs prolifiques, des poudres fécondantes, des transmutations, etc.? Quel parti a-t-elle pris dans la question des jachères, à laquelle se rattachent pourtant la prospérité publique, la science physique, l'abondance des blés et le sort même de la capitale? aucun : qu'on dise maintenant que l'académie de Prusse n'avait pas raison.

Nous sommes loin toutefois de vouloir dire que l'académie des sciences de Paris manque d'hommes de génie, ayant du zèle et des talens. Qui ne vénère pas dans cette académie, le Nestor de la chi-

mie , le respectable Berthollet , l'excellent ami de
Parmentier et de Bayen , M. Déyeux ; les Charles ,
les Thénard , les Gay-Lussac et d'autres encore que
nous n'avons pas l'honneur de connaître person-
nellement. Mais quoi qu'en ait dit un illustre réci-
piendaire , une académie « n'est point un globe de
lumière , qui est au monde savant , ce qu'est au
monde physique l'astre brillant du jour, qui donne
à tout la forme , la couleur et la vie. »

Une telle emphase est ridicule et ne peut plaire
qu'aux frelons de l'académie ; les hommes de bien ,
les vrais savans , doivent diriger tous leurs efforts
vers les *intérêts généraux* de l'état , et dont l'agriculture est la base. L'académie , imitant celle de
Berlin , devrait s'imposer une autre marche : elle
le doit, pour sa propre gloire ; car si elle ne le fait
pas , tous ses travaux de transcendances et de probabilités, iront s'ensevelir dans l'abîme de l'oubli ,
comme ceux des 17°. et 18°. siècles , qui ont plus
fait de bruit dans l'opinion et dans le monde, que
ceux-mêmes de l'académie à la fin du 18°. siècle ;
elle le doit par amour pour la patrie ; elle le doit
pour les progrès des sciences les plus utiles : c'est
d'ailleurs *son devoir* , pris dans toute la force du
mot , à moins que le titre d'académicien ne soit
aussi devenu un sinécure.

Nous n'avons pas touché encore la corde la plus
délicate , celle de l'habitude prise par le gouvernement , de choisir ses hommes d'état parmi les savans. Une exclusion, sans doute, serait injurieuse ou

déraisonnable ; mais combien les exceptions doivent être rares ! ! Nous en faisons la triste expérience.

On n'est réellement savant, qu'après avoir consacré la plus belle partie de sa vie au culte de la science qu'on s'est choisie ; ce culte exclut la connaissance des affaires , et celle des hommes du monde qui , ne voyant jamais que leurs intérêts , sont très-habiles et déliés pour les servir. Mais peut-on être homme d'état , surtout à présent , si on ne connaît pas bien les rouages du gouvernement , les vices des hommes , l'astuce ou la profondeur des solliciteurs , des flatteurs et des fripons qui se présentent toujours sous le masque de la franchise et de la probité : cela est tout simplement impossible.

Le célèbre Lavoisier eut le travers de cette ambition ; aussi toute son économie politique et ses vues administratives, ne furent que des abstractions ou des conjectures.

Lagrange qui a pénétré le plus avant dans l'infini, était dans la société l'homme le plus simple qu'on pût rencontrer ; un enfant l'eût trompé , et le premier intrigant en eût fait une dupe. M. Delaplace a été effrayé du ministère de l'intérieur qu'il n'a gardé que vingt-quatre heures ; le digne savant, M. Monge a passé comme une ombre au ministère de la marine ; mais l'école polytechnique sera toujours le monument de sa gloire immortelle ; combien d'autres exemples on pourrait citer !

L'organisation intérieure de l'académie des sciences recèle encore un grand vice ; chaque section a des attributions spéciales, de sorte qu'un artiste vétérinaire est appelé à délibérer sur une question ou sur un candidat d'astronomie, et un chirurgien sur les mathématiques ; de même aussi les astronomes, les géomètres, les médecins délibèrent et prononcent sur des questions d'assolemens, d'engrais et de cultures.

---

§ II.

Sommaire chronologique des ouvrages sur l'œnologie, depuis 1750, jusqu'en 1792.

Nous avons cru devoir faire précéder de ce sommaire, la question générale *sur l'art de faire le vin*, afin d'éviter à nos lecteurs des recours à des auteurs et à des dates qui détournent sans cesse l'attention de la question principale ; ce sommaire encore nous a paru nécessaire dans une discussion qui, pour être complète, réclame des rapports historiques. Quel sujet au surplus, dans notre agriculture, mérite davantage ces accompagnemens qui éclairent et intéressent à la fois tout homme qui veut s'instruire ?

Le premier ouvrage un peu remarquable sur l'œnologie, a été le Traité de M. Bidet, officier de la maison du roi, et membre de l'académie de Florence, publié en 1750, et duquel M. Duhamel, dit-on, a donné ultérieurement une édition nouvelle, corrigée et augmentée.

L'ouvrage contient de meilleurs préceptes sur la vigne que sur le vin ; on y trouve les modes usités pour les vendanges ; on y indique les moyens de faire du vin rouge, cerise, blanc, gris ou paillé.

Dans la seconde partie, on traite de l'eau-de-vie, des distillations, de l'huile de tartre, de l'eau de la vigne, pour remède, du commerce du vin, des fraudes et frelateries.

Son plus grand mérite est de faire connaître les différens modes de culture de la vigne alors ; la partie physique se ressent fort peu du génie de l'académicien qui a reproduit l'ouvrage de M. Bidet.

En 1755 et en 1757 M. Goyon de la Plombanie publia des modes nouveaux sur la culture de la vigne et sur la vinification. Voyez ce cours, tom. 6, pag. 125.

En 1760, M. Maupin, étranger à toute société savante, propriétaire de vignes à Triel-sous-Poissy, à cinq lieues ouest-nord de Paris, s'annonça avec tout le zèle d'un réformateur, dans la culture de la vigne et dans la fabrication du vin ; pour la vigne, il s'agissait d'espacer les ceps à une distance qu'il déterminait ; et, pour le vin, de jeter du moût bouillant dans la cuve, mise en état de fermentation.

Doué d'une grande activité et d'une irritabilité plus grande encore, M. Maupin trouva moyen d'occuper de lui presque tous les propriétaires de vignes, les académies, les sociétés d'agriculture et le gouvernement du roi. Il faisait marcher de front, et la culture de la vigne, et son art de faire le vin : ce fut moins alors une découverte, qu'une sorte de révolution dans toute l'œnologie.

En 1763, l'académie des sciences, sur le rapport de MM. de Jussieu et Tillet, jugea que le principe de M. Maupin, pour la culture de la vigne, *était certain*, et qu'il en avait fait une heureuse application.

L'académie, en portant ce jugement, invita M. Maupin à continuer de lui faire part de ses travaux, surtout, est-il dit, en ce qui concerne la maturité du raisin et la quantité du produit.

L'auteur ne manqua pas de faire usage du jugement de l'académie ; mais il ne dissimula pas qu'elle aurait dû déclarer sa méthode de culture, *une découverte*.

Ce jugement inconsidéré justifie bien nos observations sur le programme de l'académie de Berlin ; car certainement, s'il y eût eu dans l'académie des sciences de Paris quelques vrais agronomes, elle n'eût pas décerné à M. Maupin un tel éloge, pour une culture qui peut convenir à quelques localités, mais qui est contraire à l'ordre établi et suivi dans le plus grand nombre de nos vignobles. Il y a dans la Bourgogne des vignes séculaires dont les ceps sont très-rapprochés ; la physique et l'expérience commandent même ce mode, afin de sauver les pieds de vigne des rayons trop brûlans du soleil, dans un sol léger, et au bas des côtes : aussi M. Maupin, malgré toutes ses publications, n'a rien fait changer aux modes adoptés, et pas même aux environs de Paris.

En 1766, le même, dans un opuscule nouveau, avertissait que, dans ses méthodes, il fallait arroser le marc avec du moût de la cuve, dix à douze heures avant de décuver : cet avis lui fit des partisans.

Dans la même année 1766, M. l'abbé Rozier reçut une palme académique de la société royale d'agriculture de Limoges, pour un mémoire sur l'art de faire le vin ; il y proposait, dans certaines années, l'usage du moût bouillant et l'emploi du miel, afin de suppléer au muqueux sucré ; il voulait au surplus que la cuve en fermentation fût exposée à l'air atmosphérique.

En 1769, M. Beguillet, l'un de nos économistes les plus estimés, fit paraître un petit ouvrage sur la culture de la vigne et sur la vinification ; il était néanmoins plus spécial pour la Bourgogne : c'est le premier livre d'œnologie où l'on trouve des principes physiques, raisonnés et utiles à tous les vignobles ; l'auteur, d'ailleurs très-estimé, fut encouragé dans son travail par le digne et respectable M. Maret, secrétaire perpétuel de l'académie de Dijon.

A la fin de son livre, M. Beguillet donna une analyse de la méthode de Maupin ; mais il n'affirmait pas que cette méthode bonifiât tous les vins ; il disait au contraire : « L'art de faire le vin est presque à créer parmi nous. » La censure de Dijon, digne de sa mission, déclara l'ouvrage *utile au bien public et particulier du royaume.*

En 1770, M. Poitevin, de la société royale de Montpellier, publia un mémoire sur la fermentation vineuse ; il justifia sa méthode par des tableaux analytiques, dressés d'après les divers degrés de fermentation dans des cuves diversement composées et exposées.

L'auteur et la société savante de Montpellier, crurent devoir saisir l'académie des sciences de Paris des résultats obtenus ; l'ouvrage y fut bien accueilli ; car elle ordonna qu'il ferait partie des mémoires de sa collection : le fond de la méthode était qu'il fallait décuver, quand le marc s'abaissait.

En 1771, Rozier, digne œnologue, et d'ailleurs l'un de nos plus habiles physiciens, attira de nouveau l'attention publique sur un mémoire couronné par l'académie de Marseille ; digne rival, digne savant, il n'en rendit pas moins hommage aux principes déjà connus de Dom Gentil sur la vinification.

Dans ce temps, Rozier s'élevait contre les cuves en pierre et en maçonnerie ; il a changé d'avis : mais ses premières remarques n'en subsistent pas moins, et ses remarques sont des principes inamovibles. Voy. ce cours, tome 4, page 307.

En 1772, M. Poitevin persistant dans ses méthodes, renouvela ses expériences auprès de Montpellier ; elles avaient principalement pour objet de contredire celles de Dom Gentil. Cette fois, M. Poitevin fit ses observations dans des cuves en pierre , enduites de chaux et de pouzzolane : cette circonstance seule le mettait hors de rapport avec les expériences de Dom Gentil, qui avait opéré sur des vendanges mises dans des cuves de bois. Rozier ne s'en prononça pas moins pour la méthode de Dom Gentil.

Au milieu de cette émulation générale, M. Brevon fit paraître en 1772 un petit ouvrage, pour éclairer, disait-il, le vigneron et le propriétaire ; mais supposant, sans doute, que tout le monde devait savoir faire le vin, il ne s'occupa, en quelque sorte, que de recettes et procédés divers, pour faire des vins et des liqueurs. Dans la même année, M. l'abbé Colas fit le manuel de tous les vignobles.

Cependant M. Maupin avait fait un très-grand nombre de prosélytes ; des renforts lui arrivaient de toutes parts, et déjà même il tenait ferme, dans le nord, le sceptre de la vinification et de la culture de la vigne ; il menaçait même de l'étendre sur la Provence et le Languedoc ; les œnologues, dans le fait, y cherchaient les moyens de composer avec lui, par des modifications qui flattaient son système et son amour-propre ; la Bourgogne sur plusieurs points avait capitulé ; la renommée enfin avait porté son nom et ses découvertes au delà des monts ; dans l'académie de Florence on le nommait : « *il zelante sign. Maupin, uomo pieno di ardore per l'avanzamento dell' arte œnologica, sembra essersi irritato, perchè niuno lo ascolta.* Dom Bardella.

Il ne suffisait pas à *l'ardeur* de M. Maupin, d'avoir obtenu le suffrage de l'académie des sciences pour son mode de culture, il voulut encore obtenir un témoignage éclatant pour les qualités et la bonté de son vin; il paraîtrait même, que l'opinion alors accusait sourdement sa méthode du moût bouillant, comme altérant et détruisant les principes essentiels du vin, et le rendant conséquemment malfaisant; il parvint donc à saisir et même à convaincre la faculté de médecine de Paris, qui, en 1772, sur le rapport de MM. Maquer, Roux et Darcet, déclara et certifia que le vin fait d'après les principes de M. Maupin, était très-salubre et bon pour la santé : en conséquence de ce certificat, des milliers de circulaires furent envoyées, en 1773, sous les auspices du gouvernement, afin de faire connaître à toute la France la doctrine de M. Maupin.

En 1773, M. Mourgue de Montpellier, publia un mémoire pour établir, qu'en raison de la diversité des terreins, des sites et des cépages, il était utile de vendanger en deux temps; il y a bien peu de vignobles, en effet, où cet usage ne serait pas avantageux.

Tout à sa doctrine, de laquelle au surplus il ne séparait pas ses intérêts, M. Maupin, en 1774, était parvenu à rendre témoins de ses manipulations, des présidens de cour, des magistrats du plus haut rang et des ministres du roi; les témoignages et les éloges qu'il en reçut donnèrent un nouveau

crédit à l'œnologue de Poissy : lieu fatal ou mau-
dit, dont le Chapelain de Philippe-Auguste avait
formellement excommunié tous les vins.

L'année suivante, en 1775, M. Maupin parvint
à faire réunir toute la magistrature du pays chartrain ; vingt-deux notables signèrent et déclarèrent
que ses découvertes sur la vigne et le vin avaient
eu, à *Chartres*, le plus grand succès.

En 1776, M. Maquer mit en expérience l'addition du sucre de canne, dans le moût d'une vendange qui ne serait pas bien mûre ; il acheta trente
livres de raisins pris dans un jardin de Paris ; il les
foula et mit à fermenter dans un vase ; il y ajouta
du sucre proportionnellement.

En 1777, ce savant rendit compte de son expérience, et il déclara que ce vin d'essai était *fin*,
brillant, *agréable*, *généreux* et *chaud*.

Dans une expérience ultérieure, M. Maquer éva-
lua à quinze livres la quantité de sucre pour chaque
muid.

En 1775, l'académie de Montpellier, encore in-
certaine sur le meilleur procédé de la vinification,
se décida à proposer un grand prix sur ce sujet :
les états en firent les fonds ; deux concurrens furent
remarqués, M. L'abbé Berthollon et D. Gentil de
l'ordre de Cîteaux. Ce dernier méritait le prix : il
fut décerné à M. Berthollon par suite de ces intri-
gues ou tricheries, si communes dans les académies et les sociétés d'agriculture.

D. Gentil, sans murmurer de la préférence, fit

imprimer son mémoire, qui fit alors partout une grande sensation. Rozier toujours juste, approuva les principes œnologiques de D. Gentil, et sans craindre de déplaire à l'académie de Montpellier qui avait couronné M. Berthollon, il déclara que rien de mieux encore n'avait été dit et fait sur l'œnologie, que le mémoire de D. Gentil.

Les débats, les rivalités et les contredits, déterminèrent D. Gentil, en 1779, à faire des expériences nouvelles pour compléter son système sur la vinification; il composa, en Bourgogne, des cuvées de vendange égrappée et non-égrappée; les unes foulées en entier, les autres en partie. Il en fit dans lesquelles, il n'y avait que du raisin noir, et d'autres seulement du raisin blanc; toutes ses expériences, rapportées par Rozier, concordent parfaitement avec ses principes.

La même année, MM. Maupin et Buchoz firent en commun un ouvrage sur la vigne et le vin, dans lequel néanmoins dominait la doctrine de Maupin.

En 1781, M. Barberet, médecin, publia un mémoire sur la vinification; il contenait plus de théorie que de pratique.

La même année, M. Mengin, architecte à Nancy, donna un signal dont le gouvernement aurait dû profiter, ou du moins pressentir les fatales conséquences pour l'avenir; M. Mengin venait de construire, et il proposait de construire dans tous les vignobles, des *citernes pour le vin* : c'était bien là un cri de détresse pour les bois de Merrein, devenus rares et très-chers.

En 1782, M. Bridelle de Neuvillan fit imprimer à Montargis, un Manuel pratique pour les vins.

Dans la même année, M. l'abbé Poncelin a publié son Parfait Vigneron, dans lequel se trouve aussi l'art de faire le vin.

MM. Duhamel répondirent, en 1783, à l'appel qu'avait fait M. Mengin. Ils apprirent au public qu'ils avaient fait construire à Denainvillers des citernes vinaires; cette innovation, heureusement, n'a pas eu beaucoup de prosélytes. Les citernes d'ailleurs, hors les cas d'une abondance extraordinaire, sont inconciliables avec les mouvemens du commerce, *sans lequel*, les vignobles s'effaceraient.

Dans cette année même, M. l'abbé Berthollon annonça qu'il avait inventé un œnomètre; cette annonce fit beaucoup de bruit dans les académies, mais elle ne fit rien changer aux usages suivis jusqu'alors pour les décuvages.

En 1783, Rozier traita en maître, de la fermentation vineuse, dans le IVe. tome de son Cours d'agriculture; il passa en revue tous les principes physiques et chimiques; il mit en examen toutes les substances et les agens de la fermentation; il donna des explications sur les causes de la chaleur et du mouvement; il reconnut les divers acides, mais il a un grand tort aujourd'hui, c'est d'avoir écrit sous l'empire vieilli du phlogistique.

Rozier admettait le concours de l'air atmosphérique, sur lequel il a peut-être aventuré des exemples ou des analogies ; car la fermentation vineuse est une ; et nulle autre, pas même celle pour la bière, ne peut autoriser des inductions de pratique. Il a d'ailleurs fort bien indiqué les conditions essentielles pour obtenir une bonne fermentation.

Il a démontré, on peut le dire, la nécessité du chapeau dans une cuvée ; il n'a point blâmé cependant les couvercles à certaines années, et dans certains vendangeoirs ; mais il a fortement réprouvé le couvercle à double-fond de M. Berthollon, qui s'occupait beaucoup plus de dire ou faire du nouveau que de perfectionner.

Rozier a consacré plusieurs colonnes de son cours à examiner l'emploi du moût bouillant ; il a même eu la complaisance de faire une longue citation de l'ouvrage de Maupin ; mais il y avait cette différence entre ces deux œnologues, que l'un ne conseillait le moût bouillant, que dans les cas ou la vendange n'était pas assez mûre, tandis que l'autre en généralisait l'emploi dans toutes les années et pour tous les vignobles.

Dans ce même article sur la fermentation, Rozier a rappelé l'emploi du miel qu'il avait conseillé en 1766, mais soit que l'expérience l'eût éclairé, soit que des œnologues lui eussent donné des raisons peu favorables à cet ingrédient, il paraissait douter lui-même des bons effets du miel, et on reconnaît ses doutes dans son insistance pour un miel parfaitement pur.

Il n'approuve point toutes les manipulations de Maupin, et il n'est point arrêté par la considération des témoignages rendus en leur faveur; il était difficile au surplus de convertir M. Maupin, qui opposait à toute opinion contraire : «quatre et cinq mille personnes façonnent leurs vins selon ma méthode. »

Rozier en s'expliquant sur MM. Poitevin et Maupin, n'a gardé aucune réticence sur le mémoire de D. Gentil, relatif au décuvage des vins; il le regarde nettement, comme l'ouvrage le plus parfait qui ait paru dans ce genre.

Il passe ensuite à l'examen de la fermentation insensible, de celle putride et de la conversion en vinaigre.

Tout cet article nous promettait un excellent traité sur l'art de faire le vin; mais les destins ont ravi ce manuscrit à la patrie, à la science et à sa famille; on n'a pu retrouver même les notes relatives : nous en gémissons les premiers, puisque cette perte nous met dans les cas de faire un tel travail.

En 1787, M. Genty, d'Orléans, publia un mémoire sur la vigne et le vin; mais il est particulier aux vins de l'Orléanais.

En 1788, M. Beffroi remporta un prix sur la culture de la vigne, en Picardie : le sujet avait été donné par la société d'agriculture de Laon.

En 1789, M. Fabroni, qui a joui d'une grande estime en France, publia un très-bon mémoire sur la fermentation vineuse et sur les distillations ; ses principes ont plus de rapport aux vins de l'Italie qu'à ceux de la France. Quant à la partie chimique, il a eu le malheur de naître trop tôt : il ne connaissait bien que le phlogistique et l'*air fixe*, *aria fissa*.

En 1791, un auteur trop modeste révéla, dans un livre in-8°., « l'art de convertir en vins fins, les » plus *mats* et les plus grossiers. »

Nous terminerons là notre revue œnologique, parce que tous les ouvrages marquant depuis 1792 jusqu'à présent, ont été rappelés dans le grand ouvrage de M. Chaptal ; tels sont ceux de Dandolo, Proust, Deyeux, Cadet Devaux, etc.

----

§ III.

Examen critique du système de M. Chaptal, sur l'art de faire le vin.

Si M. Chaptal n'avait produit son opinion sur l'art de faire le vin que pour coopérer, par un simple contingent, à une grande entreprise de librairie, nous n'aurions pas pris la peine de faire sur son travail, inséré dans le cours de Rozier, un examen *ex professo*; nous nous serions bornés à faire connaître ses avis et ses expériences, parce qu'il tient un rang élevé dans les sciences et surtout dans la chimie ; mais comme notre cours, par

son but d'institution et par son esprit d'ordre, a
pour objet principalement de passer en revue tous
les objets importans de notre économie rurale,
industrielle et commerciale, afin d'en apprécier
les progrès, les obstacles ou les avantages, afin de
signaler des erreurs ou des charlataneries, afin de
provoquer des perfectionnemens et de solliciter
des expériences de la part des amis de l'agriculture,
nous nous trouvons obligés de procéder en règle
à l'examen du livre de M. Chaptal sur la vinification.

Nous le devons 1°. parce que, pour les gens du
monde tenant la haute cour de l'opinion, l'auteur,
célèbre d'ailleurs, est réputé le législateur de la vinification. 2°. Parce que toutes les académies dont
M. Chaptal est membre, ont plus ou moins approuvé
ses principes physico-œnologiques. 3°. Parce que
toutes les sociétés savantes d'agronomie, celle
même de Montpellier, qui ont proposé ultérieurement des prix, ou des expériences contraires aux
principes de M. Chaptal, n'ont osé ni les critiquer,
ni même en faire mention. 4°. Parce qu'enfin
nous avons reconnu dans cet ouvrage-là même
maintes erreurs funestes pour la science, pour l'é-
conomie et pour les intérêts généraux de l'agriculture.

Nous serions très-fâchés qu'on pût voir dans cet
examen critique la moindre hostilité; une telle
pensée est indigne de nous et de celui qui dirige
ce cours; préfet, il n'a jamais eu qu'à se louer de

ses relations même personnelles ; mais il ne s'agit
point ici de *considérations* auxquelles on sacrifie
si légèrement aujourd'hui tant de choses sacrées ,
et seulement , *pour ne pas déplaire* : le véritable
agronome doit se taire , *ou dire la vérité*, surtout
quand il ne s'appuie que sur des faits ou sur l'expérience générale incontestée : toutefois nous présu-
mons aussi bien de M. le comte Chaptal , alors qu'il
n'est que l'un des conseillers du ministre de l'intérieur , que dans le temps où il ordonnait en chef à
tout ce ministère ; nous sommes portés à croire
même que , semblable à l'homme vertueux et célèbre de ce pays classique des sciences , vers lequel
se tournent aujourd'hui tous les vœux et les regards
des hommes généreux , il approuvera lui-même
des observations raisonnées , qui n'ont d'autre but
que de faire sentir ou connaître des erreurs funestes
aux progrès de la science et aux intérêts de la patrie.

Nous commencerons par rendre hommage à l'exposition préliminaire du travail d'ordre de M. Chaptal et aux justes distinctions qu'il établit relativement aux différences des vins, par celles des climats, des sites et des terrains ; c'est au surplus une
de ces vérités qu'il faut toujours avoir présentes à
l'esprit , quand on s'occupe d'œnologie.

Dans l'article Iᵉʳ. du Iᵉʳ. chapitre , M. Chaptal
établit « que les climats chauds , en favorisant la
formation du principe sucré , doivent produire des
vins très-spiritueux..... Les climats plus froids ,

continue-t-il, ne peuvent donner naissance qu'à des vins faibles, très-aqueux, quelquefois agréablement parfumés. »

Si M. Chaptal, par cette explication, entend donner une supériorité aux vins de la Provence et du Languedoc, sur ceux de la Bourgogne, qu'il semble désigner comme un climat plus froid, nous croyons qu'il se trompe ; il accorde ici trop d'avantage au sucre du raisin ; car nous pensons au contraire que l'excès du sucre est un défaut dans le raisin du midi, surtout quand on veut en faire un vin fin à boire ; aussi, comme il est difficile que la fermentation puisse le décomposer complétement, l'expérience éclairée a fait soumettre, en général, tous les vins liquoreux du midi, trop chargés de sucre, à la fabrication de l'eau-de-vie. Au reste les vins de Vosne, Arbois, Tonnerre, Joigny, Aï et Moussy, etc., ne sont pas des vins faibles, froids et aqueux.

Dans le chapitre II, page 301 de Rozier, M. Chaptal dit : « En Champagne on vendange avant le le-
» ver du soleil..... Il est connu qu'on obtient
» vingt-cinq tonneaux de vin blanc, au lieu de
» vingt-quatre, lorsqu'on vendange avant la rosée,
» et vingt-six avec le *brouillard*; ce procédé est
» généralement utile, quand on désire des vins
» *très-blancs* et *bien mousseux*. »

On ne peut croire en vérité que de telles affirmatives aient passé sous la plume ou sous les yeux de M. Chaptal voyez au surplus, à ce sujet, notre cours, tome II, page 260.

Nous arrivons au point le plus essentiel, à la *fermentation*; et nous empruntons bien volontiers de M. Chaptal la définition qu'il en donne.

» La fermentation est un pur effet de l'art qui convertit le suc doux et sucré du raisin, en une liqueur spiritueuse. »

Après avoir passé en revue les modes usités chez les anciens pour faire du vin, et cité Pline, Dioscorides, si étrangers à nos modes œnologiques, M. Chaptal ajoute, chapitre III, page 305. « Nous » verrons, en parlant de la fermentation, qu'on » peut la diriger et la gouverner d'une manière » avantageuse, en *épaississant* une portion du » moût qu'on mélange ensuite avec le reste de la » masse..... Ce moyen est infaillible pour donner » à tous les vins un degré de force que la plupart ne sauraient acquérir *sans cela*. »

Nous voudrions pouvoir dire ce que M. Chaptal entend par le mot *épaississant*; est-ce par l'addition de substances réduites ou concentrées; serait-ce pour imiter le procédé des habitans de l'île de Salamine, dont la résine est réputée excellente, *pour la mêler aux vins de l'Attique*. N'osant rien hasarder, nous nous contentons d'en faire la remarque.

Une grande question, dit M. Chaptal, a long-temps divisé les agriculteurs, savoir : s'il est avantageux ou non d'*égrapper*; il juge la grappe âpre et austère, mais il ne prend pas de détermination, quoiqu'il ait voulu ramener la question à son vrai point de vue.

Il y avait cependant un premier point à établir ; c'est que toute fermentation de vendange, pour boisson ordinaire, a besoin de grappe pour former son chapeau, sans lequel, il ne peut y avoir une bonne vinification. Le surplus de la question se réduisait à l'état de la maturité des raisins, à leur espèce et au but qu'on se propose : M. Chaptal du moins, au lieu de laisser les œnologues dans l'indécision, aurait dû déclarer qu'il ne pouvait y avoir de précepte général à donner sur la question de l'égrappage, puisque chaque année son influence n'est pas la même. Il n'a point encore assez insisté, comme chimiste, sur la nature de la grappe dans sa coopération à former le vin ; ni comme physicien, sur ses fonctions par le chapeau qu'elle forme, et dans lequel se fixent des gaz utiles à la vinification ; ni sur l'abri qu'il fournit à la masse fermentante ; cet article fort essentiel méritait d'être autrement traité : le mode pour égrapper importe peu, mais nous préférons un râteau simple, armé de dents un peu cintrées, à la fourche *à trois becs* que M. Chaptal propose.

Le foulage que M. Chaptal indique, nous paraît une erreur grave : nos lecteurs vont en juger.

« Cette opération ne sera parfaite qu'autant que » *tous les grains* le seront également..... Le pre- » mier suc exprimé *terminerait* sa période avant

» que les grains, échappés au foulage, eussent
» commencé la leur; il suffit de réfléchir sur les
» *procédés grossiers* employés pour fouler le rai-
» sin, pour ne plus s'étonner de l'imperfection
» même des résultats.....

» Il faudrait donc soumettre *à l'action du pres-*
» *soir tous les raisins* à mesure qu'on les transporte
» de la vigne; par ce moyen..... la fermentation
» serait uniforme et simultanée.....

» Sans doute le moût *débarrassé* de son marc et
» de la grappe, produirait un vin moins coloré,
» plus délicat et d'une conservation plus difficile;
» mais si les inconvéniens surpassaient les avan-
» tages, il serait aisé de les prévenir en mêlant le
» marc exprimé avec le moût, etc. »

Il y a dans ce paragraphe du chapitre III une
telle hérésie de principes et de pratique, qu'il
suffit de l'exposer pour la combattre et pour la
faire repousser dans tous les vignobles, si ce n'est à
Parnay, près Angers.

Le chapitre IV est relatif à la fermentation;
M. Chaptal dit : « La fermentation vineuse s'exé-
» cute constamment dans des cuves de pierre ou
» de bois..... celles qui sont construites en ma-
» çonnerie sont, pour l'ordinaire, fabriquées avec
» de la *bonne* pierre de taille; le contre-mur est
» bâti en briques liées et assemblées par un ciment
» de pouzzolane ou de *terre d'eau forte*. » (Nous
copions.)

« Les cuves en bois demandent plus d'entretien;

» elles reçoivent les variations de température
» avec plus de facilité, et exposent à plus d'ac-
» cidens. »

Quant à l'usage des cuves en pierre et à la préférence à donner à celles en bois, nous ne pouvons
que renvoyer au tome IV, page 3og de ce cours.
Mais nous ajouterons à ce qui a été dit sur ce sujet,
que M. Chaptal a trop jugé des modes et des vins
de toute la France, par ceux de Montpellier. Dom
Gentil, qui le premier a mieux raisonné la fermentation vineuse, n'a jamais parlé que de cuves
en bois, et nous sommes étonnés que M. Chaptal,
chimiste et physicien, ait pu attribuer, relativement à la température, des influences fâcheuses
aux cuves en bois, et *dans lesquelles* se sont faits
et se font les vins les plus délicats et les plus fameux
de nos vignobles. Quant aux accidens, ils sont bien
plus à craindre dans une cuve en maçonnerie, par
suite des décompositions des matériaux et par des
infiltrations, que dans les cuves en bois, dont toute
la surface et le fond sont accessibles à la vue.

Plus M. Chaptal avance, plus il s'égare; il fait
nettoyer la cuve (sans dire si elle est de bois ou de
pierre) avec de l'eau tiède, et enduire ses parois
avec de la chaux à deux et trois couches.

« Cet enduit, dit M. Chaptal, a l'avantage de
» saturer une partie de l'acide malique qui existe
» abondamment dans le moût. » (Serait-il donc sans
grappes?)

Nous ne pensons pas que personne puisse approuver cette chaux à triple couche, quand il s'agira du moins de faire un vin de table.

Le chapitre sur la fermentation n'est point facile à résumer, et sur beaucoup de points à pénétrer : le pour et le contre y sont exposés ; des emprunts sont offerts, comme l'opinion de l'auteur ; des variations ou des incertitudes se trouvent à chaque page, et de sorte que le lecteur ne peut positivement connaître ni la doctrine, ni la pratique de M. Chaptal. Au surplus, nous allons tâcher d'en faire un extrait le plus fidèle possible : sur chaque point nous citerons le texte.

M. Chaptal assigne trois causes à la fermentation :

1°. Un certain degré de chaleur ;

2°. Le contact de l'air ;

3°. L'existence d'un principe doux et sucré.

Il dit : « La fermentation est d'autant plus lente » que la température est plus froide au moment » où se font les vendanges. »

C'est un point de physique de toute vérité, et dont la cause ne serait pas facile à expliquer, puisque, hors le cas de chaleur imprimée aux raisins vendangés par le beau temps, les élémens de la fermentation sont les mêmes. M. Chaptal s'étant borné à en faire la remarque, nous l'imitons.

Après avoir rappelé les opinions de divers auteurs, M. Chaptal termine ainsi son Ier. article :

« On conseille de placer les cuves dans des lieux » couverts ; de les recouvrir pour tempérer la fraî-

» cheur de l'atmosphère ; de réchauffer la masse en
» y introduisant du moût bouillant..... d'exposer
» les raisins au soleil. »

M. Chaptal eût mieux satisfait, s'il eût déterminé
lui-même ce qu'il fallait faire, au lieu de recourir
au mot vague : *on conseille*, etc.

L'art. 11 mérite toute l'attention du lecteur : M.
Chaptal dit : « Quelques chimistes ont regardé la fer-
» mentation comme ne pouvant avoir lieu, que
» par l'action de l'air atmosphérique... Sans doute
» l'air est favorable à la fermentation, mais il est
» également prouvé que, malgré que le moût en-
» fermé dans un vase bien clos, y subisse très-len-
» tement ses phénomènes de fermentation, elle ne
» se termine pas moins à la longue ; et le vin qui
» en est le produit n'en est que plus généreux.

» Dans toutes les expériences que j'ai tentées sur
» la fermentation, je n'ai jamais vu que l'air fût
» absorbé. Il est chassé au dehors avec l'acide car-
» bonique qui est le premier résultat de la fermen-
» tation.

» L'air atmosphérique n'est donc pas nécessaire
» à la fermentation... Si le vin fermenté dans des
» vases fermés est plus généreux et plus agréable
» au goût, c'est qu'il a *retenu* l'arome et l'alcohol. »

On voit que M. Chaptal cherche à concilier les deux
systèmes de *cuve close* et de *cuve découverte* : ne
prenant aucun parti, il propose tout simplement
de combiner les deux méthodes : Ce serait, ajoute-t-il,
le complément de la vinification ; c'est à cette pro-

position pourtant, que s'est attaché M. Gervais, comme un géomètre s'attache à une démonstration qui résout un grand problème ; ce mot *complément* a été le texte et le but de tous ses commentaires sur les succès de l'appareil.

En physique, l'influence de l'air est considérée comme impérieusement nécessaire à une bonne fermentation *vineuse* ; et à cet égard, nous ne faisons que nous appuyer sur l'autorité des physiciens les plus célèbres ; nous ajouterons un plus fort argument, car il est de fait : c'est que jusqu'à présent, dans tous les vignobles renommés, on a soumis les cuves en fermentation à l'influence modérée et combinée de l'air atmosphérique ; en ce qui nous concerne, nous persistons hautement dans ce principe, fût-il provisoire.

L'art. III traite de l'influence du volume de la masse fermentante ; M. Chaptal en a mal assuré le principe, en disant qu'il a fait parcourir toutes les périodes de décomposition à du jus de raisin *mis dans des verres* : c'est ainsi toujours que les résultats de cabinet égarent même les hommes les plus savans, sur les réalités des œuvres de la nature et de la pratique en grand.

M. Chaptal redoute une fermentation qui serait trop prompte : c'est craindre d'avoir du vin trop tôt fait ; tous les œnologues, au contraire, la désirent même tumultueuse (nous supposons toujours qu'il s'agit de vin de table).

L'art. IV mérite d'être approfondi par la science

même. M. Chaptal dit : « Le principe doux et sucré,
» l'eau et le tartre, sont les trois élémens des raisins
» qui paraissent influer le plus puissamment sur la
» fermentation.... cette sublime opération.

Il continue : « Il n'y a que les substances qui con-
» tiennent un principe doux et sucré qui subissent
» la fermentation spiritueuse... Mais il faut bien dis-
» tinguer le sucre proprement dit d'avec le prin-
» cipe doux... Sans doute le sucre existe dans les
» raisins... mais le sucre est constamment mêlé avec
» un corps doux... *C'est un vrai levain.*

» Le sucre seul ne fermente pas.... Il faut un degré
» de fluidité convenable pour une bonne fermen-
» tation. »

En admettant ces principes, nous pensons néanmoins qu'il y a d'autres élémens de levain, que le
corps doux et sucré; nous indiquerons la matière
extractive, sur laquelle M. Chaptal s'arrête rarement.
Nous regardons encore, comme un levain la fleur,
de grappe si essentielle à la parfaite maturité, à une
prompte fermentation, et à la bonne qualité du
vin ; c'est, au surplus, une expérience facile à faire,
en efflorant 15 à 20 jours, avant la vendange, une
certaine quantité de grappes qu'on mettrait en expérience comparée, avec des grappes ayant leur fleur.

Le chasselas provisoirement peut commencer la
solution de la question, et pour la différence de maturité, et pour celle de son goût sucré.

M. Chaptal passe de suite au moût bouillant; il dit :
» Les anciens connaissaient l'usage de cuire le moût...

» Maupin a fait accorder de la faveur à cette mé-
» thode. »

M. Chaptal l'a jugée avantageuse dans les pays du
nord, et inutile dans les climats chauds. Si nos savans
du dernier siècle eussent mieux connu les pratiques
de nos vignobles, ils n'auraient pas applaudi et
moins encore préconisé les méthodes de Maupin ;
le moût bouillant, au surplus, n'était pas une chose
nouvelle, ni favorable à la fabrication des bons vins ;
il pouvait convenir aux raisins des environs de Paris
et des coteaux de l'Oise, où l'usage aurait dû se
concentrer.

« Il est généralement vrai, continue M. Chaptal,
» que le raisin donne d'autant moins de tartre, qu'il
» contient plus de sucre.

» Les raisins sucrés demandent surtout qu'on
» y *ajoute* du tartre ; il suffit de le faire bouillir dans
» un chaudron avec le moût, pour l'y dissoudre ;
» de même lorsque les moûts contiennent du tartre
» en excès.., on y *ajoute* du sucre. »

Nous ne contestons pas les principes et les effets
du tartre et du sucre, mais nous disons que de telles
applications, dans le doute, ne conviennent qu'à
des chimistes, et fort heureusement la bonne vinification peut s'en passer.

Dans son article sur les phénomènes et produits
de la fermentation, M. Chaptal fait le tableau d'une
fermentation vineuse ; il dit :

« Dans cet état la liqueur est trouble.. Des fila-
» mens, des pellicules, des flocons, des grappes,

» des pepins nageant isolément, sont poussés, chas-
» sés, précipités, élevés jusqu'à ce qu'enfin ils se
» fixent à la surface, ou se déposent *au fond de la*
» *cuve.* »

Ce dépôt au fond de la cuve, dans un travail aussi
tumultueux, est sans doute une distraction de M.
Chaptal ; car bien certainement il n'y a aucune
substance, dont la pesanteur spécifique puisse ré-
sister à un tel mouvement.

« Ce mouvement intestin, continue M. Chaptal,
» forme à la surface ce qu'on appelle le *chapeau.*

Parmi les phénomènes, il en remarque quatre :
La production de la chaleur ;
Le dégagement des gaz ;
La formation de l'alcohol ;
La coloration de la liqueur.

Parmi les moyens de réchauffer la masse, il indique le moût chaud, l'agitation de la liqueur,
l'échauffement de l'atmosphère et des étoffes pour
couvrir la cuve.

Il établit comme vérité incontestable,

« 1°. Qu'à température égale, plus la masse de
» la vendange sera grande, plus il y aura d'effer-
» vescence, de mouvement et de chaleur, et d'au-
» tant plus, que le suc des raisins sera accompagné
» de pellicules, de pepins et de rafles. »

Cette vérité est incontestable en effet ; mais nous
ferons observer que déjà M. Chaptal a proposé,
chapitre III, de soumettre préalablement la vendange au *pressoir*, afin d'avoir une fermentation

uniforme et simultanée, et un moût débarrassé de son marc : ce qui est une contradiction, en admettant même le correctif conditionnel *de mêler le marc au moût*.

2°. « Le dégagement du gaz acide carbonique, » dit M. Chaptal, déplace l'air atmosphérique, etc. »

Mais il nous semble que cette affirmative est au moins une question à juger. Ce gaz, sans doute, enlève quelques portions d'oxigène et de carbone au moût ; mais est-il bien certain « que ce gaz, retenu » dans la liqueur par tous les moyens qu'on peut » opposer à son évaporation, contribue à lui conserver l'arome et une portion de l'alcohol qui » s'exhale avec lui. »

L'expérience d'une eau pure, au-dessus d'un chapeau de vendange, et qui au bout de deux ou trois jours, s'est trouvée imprégnée d'acide carbonique, ne prouve absolument rien pour la conservation de l'arome et de l'alcohol ; elle ne prouve pas même, comme on l'a dit, que cette eau eût été bonne à faire du vinaigre : avec un tel procédé les vinaigriers d'Orléans ne feraient pas fortune.

3°. Le principe sucré existe dans le moût, dit M. Chaptal ; il disparaît « par la fermentation, et » il est remplacé par l'alcohol, qui caractérise essen» tiellement le vin.... *On augmente ainsi à volonté* » la quantité d'alcohol, en *ajoutant* du sucre au » moût. »

Nous ne pouvons admettre cette conséquence ; car il est bien reconnu, sans contradiction maintenant, que si le sucre favorise la fermentation, il ne donne aucune qualité au vin, et rien conséquemment à l'alcohol.

4°. Quant à la coloration, M. Chaptal pose justement en principe que le vin se colore d'autant plus que la vendange reste plus long-temps en fermentation.

Il serait peut-être plus exact d'ajouter, que la fermentation est vive et forte.

Pour prouver qu'on peut à la fois corriger l'immaturité du raisin et augmenter les proportions de l'alcohol, M. Chaptal se prévaut d'une expérience qui n'est qu'une erreur, quoique académique.

Il dit : « En 1776, M. Maquer, de l'académie des sciences, prit dans un jardin de Paris de quoi faire vingt-cinq pintes de vin ; c'était du raisin de rebut ; une partie des grains et des grappes entières étaient *si vertes* qu'on n'en pouvait supporter l'aigreur ; j'ai fait écraser, disait M. Maquer, ces raisins avec les rafles et exprimer ce jus à la main. Le moût était trouble, sale, de couleur verte ; l'acide dominait tellement qu'il faisait faire la grimace à ceux qui en goûtaient ; j'ai fait dissoudre dans ce moût assez de *sucre brut* pour lui donner la saveur d'un vin doux assez bon ; je l'ai mis dans un tonneau au fond du jardin, dans une salle où il a été abandonné ; la fermentation a commencé le 3°. jour, et elle a duré pendant huit.

Le vin qui en est résulté avait une odeur vineuse, assez vive et piquante.... La saveur du sucre avait disparu aussi complétement, que s'il n'y en avait jamais eu.

Je l'ai laissé passer l'hiver dans le tonneau, et, au mois de mars, sans l'avoir *soutiré ni coulé*, il était clair, fin, très-brillant, agréable au goût, généreux et chaud, et tel... que provenant d'un *bon vignoble*, dans une *bonne année*.

Plusieurs connaisseurs, dit-il, auxquels j'en ai fait goûter, ont porté le même jugement.

Le 6 novembre 1777, M. Maquer a fait cueillir à un berceau, dans un jardin de Paris, de l'espèce de gros raisin, connu sous le nom de *verjus*... Il l'a fait *crever* sur le feu, il a fait dissoudre de la cassonade la plus commune; il a mis le moût dans une cruche couverte d'un linge : le 14, la fermentation était dans sa force; elle a cessé le 30 ; la saveur était piquante, comme celle d'un vin généreux et chaud.

J'ai bouché la cruche, dit M. Maquer, et l'ai mise dans un lieu frais.

Le 17 mars 1778, j'ai examiné ce vin ; sa saveur était d'un pur raisin, assez fort, mais sans parfum ni bouquet : à cela près, ce vin qui est tout nouveau promet de devenir *généreux*, *moëlleux* et *agréable*.

On hésite, en vérité, à croire réels de tels essais, et surtout de tels rapports de la part de M. Maquer, qui d'ailleurs a laissé des ouvrages estimés en chimie. Cela nous prouve deux choses bien tristes : la première, qu'on est invinciblement enclin à trouver bien, excellent même, tout ce qu'on invente ou compose ; la seconde, à quel degré d'ignorance on était encore à l'Académie des Sciences, pour les procédés les plus communs de l'œnologie.

Cependant, il faut en convenir, l'idée alors d'ajouter du sucre au moût de raisin était toute nouvelle ; raisonnant par analogie, on pouvait attribuer d'heureux résultats à des additions de cette substance, qui a beaucoup d'affinité avec le mucoso-sucré des bons raisins ; un succès dans la bonification eût été en effet de la plus grande importance : toutefois, il n'était pas permis, même a un académicien, de proclamer en faveur du jus de raisin vert et de verjus tant de qualités supérieures qu'obtiennent rarement les vignobles fameux de Bourgogne.

Mais ce qui étonne le plus, c'est de voir, plus de quarante ans après, M. Chaptal consigner ces tentatives dans son ouvrage ; de le voir citer avec assurance les expériences de Maquer , et dire à l'académie et à l'Europe : « Ces expériences me pa» raissent *prouver avec évidence* que le meilleur
» moyen de remédier au défaut de maturité des
» raisins , c'est d'introduire dans le moût la quan» tité de principe sucré ; .... non-seulement du
» sucre , mais encore le miel , la mélasse..... qui
» peuvent produire le même effet , etc. etc. »

M. de Bullion , dit encore M. Chaptal , mettait vingt livres de sucre par muid dans le moût de raisin de son *parc* (*près Paris*).

M. Chaptal ajoute : « *Il est évident* qu'on peut
» *porter son vin* au degré de spirituosité qu'on dé-
» sire, en y ajoutant plus ou moins de sucre. »

M. Chaptal rappelle ensuite le conseil de parfu-
mer le vin avec la framboise et la fleur sèche de
la vigne.

De telles recettes sont dignes des Vallemont, des
François de Neufchâteau ; mais elles sont indignes
d'un savant à la hauteur de la science du siècle.

Les réflexions sur l'expérience extrême de Maquer n'ont point étonné M. Chaptal, car il en
rapporte une autre faite par M. Darcet en 1788.

« J'ai pris, dit ce savant, un demi-tonneau
(cent cinquante pintes) de moût, tel qu'il a coulé
du pressoir ;.... j'en ai pris environ trente pintes
qu'on a évaporé et concentré à un huitième du volume ; on y a ajouté quatre livres de sucre commun,
et une livre de raisins de carême qu'on a déchirés ;
le tout a été versé chaud dans le tonneau, on a
ajouté un bouquet de petite absynthe ; la fermentation a été vive et franche.

Ce vin s'est très-bien conservé, même en vi-
dange dans une bouteille ; il ne s'est ni aigri, ni
troublé, etc. etc.

L'article IV de M. Chaptal traite de *l'éthio-
logie* de la fermentation ; ce mot est trop savant
pour des agronomes ; nous devons laisser parler
M. Chaptal lui-même.

« Dans la fermentation, il n'y a pas d'absorp-

» tion d'air ;.... mais soustraction de substances qui se volatilisent ou qui se précipitent.

» Les matériaux de la fermentation sont le principe doux et sucré délayé dans l'eau.

» Le principal produit de la fermentation est l'alcohol.

» Les substances qui se volatilisent sont le gaz acide carbonique, et ceux qui se précipitent une matière annalogue à la fibre ligneuse mêlée de potasse.

» A mesure que le principe sucré perd de son oxigène et de son carbone, l'hydrogène reste le même.... Le peu de principe extractif qui reste se précipite avec le carbonate de potasse : la liqueur s'éclaircit, *et le vin est fait.* »

Pour prouver que la fermentation vinaire n'est qu'une soustraction continue de charbon et d'oxigène, ce qui produit d'un côté l'acide carbonique, et de l'autre l'alcohol, M. Chaptal a reproduit les tableaux d'analyses, dressé par le célèbre Lavoisier : En voici les matériaux :

1°. Eau. . . . . 400 liv.
2°. Sucre. 100
3°. Levure et bière. 7
4°. Levure sèche. 3
                                —————
      Total. . . . . 510 liv.

La composition seule de ces matières nous interdit toute observation ; des agronomes ne peuvent bien juger de la fermentation vineuse, que par la vendange; la sphère ou le champ des analogies n'est pas de leur ressort; nous reconnaissons avec toute l'Europe que M. Lavoisier était un savant de premier ordre, mais il n'était pas plus agronome que les Maquer, Darcet et que M. Chaptal lui-même, qui sans doute ne prétend pas à ce titre, qui est d'ailleurs si peu recherché.

M. Chaptal s'est plus long-temps arrêté aux expériences de M. Poitevin; mais le fait que cet œnologue a opéré sur des vendanges déposées dans des cuves en pierre, nous dispense d'explications; nous ferons seulement observer que les cuves en bois sont le plus généralement admises, surtout pour les vins fins; M. Chaptal y a attaché si peu d'importance, qu'il n'en a pas même fait l'observation.

Le chapitre V est relatif au temps et aux moyens de décuver. M. Chaptal indique les signes ordinaires : l'affaissement de la vendange; l'absence de toute mousse et bulle dans le vin tiré; la roue que fait l'écume du vin qui s'écoule le long d'un bâton, dans un verre; l'odorat, en plongeant le bras dans le moût et portant aussitôt la main au nez; la couleur du vin : il trouve des inconvéniens à ces signes, et il préfère poser des principes. Les voici :

1°. Le moût doit cuver d'autant moins de temps qu'il est moins sucré; il cite des vins de Bourgogne qui ne cuvent que six à douze heures (il aurait dû les désigner).

2°. Le moût du vin mousseux *doit peu cuver*.

M. Chaptal se trompe ; le vin qui doit être mousseux n'est pas mis dans la cuve.

3°. Des vins recherchés par leur blancheur doivent peu cuver.

C'est une erreur encore. S'ils cuvaient ils ne seraient plus *blancs*.

4°. Le moût cuve d'autant moins que la température est chaude ; cela est incontestable.

5°. Le moût doit cuver d'autant moins qu'on se propose un vin parfumé.

6°. La fermentation sera d'autant plus longue que le principe sucré sera plus abondant.

7°. La fermentation est plus longue quand il s'agit de distillation, quand la vendange a été faite par une température froide.

Revenant aux inductions données par D. Gentil, M. Chaptal n'approuve pas la *dégustation*, et il ajoute : « Ce signe n'est pas applicable *au vin blanc*. » Mais dès qu'il s'agit de vin en fermentation dans une cuve, cela ne peut concerner le vin blanc ; ces distractions font de la peine, parce qu'elle signalent tout de suite aux gens du métier, que l'auteur est hors de son sujet : ces explications au surplus ne l'empêchent pas de dire : « Il faut revenir *à nos prin-* » *cipes de doctrine ;* il n'est que ce moyen, de ne » pas errer. »

Dans ce même chapitre, M. Chaptal laisse toute latitude au décuvage pour tous les tonneaux, vieux ou neufs. Il corrige l'astriction des premiers avec de

l'eau de sel, et les seconds en faisant enlever le tartre, et laver avec de l'eau tiède ou du vin chaud ; il
indique en outre une infusion de fleurs et de feuilles
de pêcher.

» C'est dans les tonneaux ainsi préparés, dit
M. Chaptal, qu'on déposela *vendange*. »

Il y a là un *erratum* ou une méprise étrange.

Revenant au chapeau de la cuve, M. Chaptal dit :

« Comme le chapeau a été long-temps en contact
» avec l'air atmosphérique, on *l'exprime* séparé-
» ment, ce qui donne un *vinaigre* de bonne qua-
» lité. »

Cette expression séparée est une preuve nouvelle
que M. Chaptal ne connaît pas la pratique de la vinification, du moins celle de la Champagne et de la
Bourgogne.

Le marc, continue-t-il, sert à faire de l'eau-de-
vie, du vert-de-gris ; M. Chaptal se connaît mieux
que nous à ces manipulations ; mais il ajoute : Il
sert encore à nourrir les bestiaux ; on le mêle avec
du son, de *la paille*, des navets, des pommes de
terre, *des feuilles de chêne* ou de vigne.

Voilà de ces amalgames qui prouvent combien
nos académiciens, très-savans en théorie, sont
étrangers à la pratique des champs ; voici encore
ce qui explique pourquoi un si petit nombre entend
la langue des vrais agronomes ; pourquoi les charlatans, les intrigans, ont tant de succès dans l'aréo-
page scientifique. M. Chaptal au surplus n'a fait que
répéter les vains préceptes que portent gratis les

Annales d'agriculture aux correspondans officiels du conseil ministériel.

Quant aux pepins, pour la volaille, les pigeons seuls s'en nourrissent dans les temps de neige, ou lorsqu'ils ne trouvent plus rien dans les champs.

Il s'agit, dans le chapitre VI, de la manière de gouverner le vin *dans les tonneaux*, question bien importante, car la fermentation insensible est le complément de la vinification.

M. Chaptal dit : « On entend un léger sifflement; » l'écume déverse par le bondon ; on a l'attention » de tenir le tonneau *toujours plein* ; il suffit d'as- » sujettir une feuille sur le bondon. »

Mais si lorsque le vin siffle et qu'il écume, on tenait le tonneau plein, tout le vin se perdrait, et la feuille serait bien impuissante; M. Chaptal devrait savoir qu'on ne met de feuilles de vigne chargées de sable, que lorsque le vin est calmé.

L'ouillage est un soin important; il n'a d'autre règle que la consommation du tonneau. M. Chaptal n'en fait point assez remarquer les effets sur le sort du vin.

Il ne dit que peu de mots encore du soutirage et des lies.

Il s'est expliqué plus au long sur l'opération du soufrage et de la clarification; il n'oublie pas certaines recettes à joindre au soufre, des poudres de girofle, cannelle, gingembre et d'iris de Florence, des fleurs de thym, de lavande, marjolaine, etc.

Pour déterminer à clarifier, M. Chaptal cite Aristote ; on est en général bien pauvre quand pour des questions de science, de chimie et d'économie, dont la marche nécessaire est leur perfectionnement, on remonte à tous propos dans les vieux siècles, où la fermentation était inconnue ou inusitée.

Pour le soutirage, nous sommes entièrement de l'avis de M. Chaptal, qu'on ne doit y procéder que par un temps sec et froid ; il préfère les blancs d'œuf ; il rappelle les copeaux de hêtre.

M. Chaptal aborde ensuite une question bien délicate, *l'art de couper le vin*. Il consiste, dit-il, 1°. à adoucir le vin *par le sucre* ; 2°. à le colorer par une infusion de graine de tournesol, de baies de sureau, de bois de campêche, et par le mélange de vin *noir et grossier*.

Il peut y avoir de l'erreur dans l'indication du sucre, du miel et du moût bouillant ; il y a là du moins de *l'innocuité* ; mais les autres drogues sont et doivent être du ressort de la censure de la police, et même de la justice ; tout cela n'a pas empêché le ministre et ses coopérateurs, non moins étrangers que lui à l'agriculture, d'envoyer cet ouvrage à tous les départemens, et de le recommander encore, comme un vrai catéchisme de vinification.

Le parfumage du vin par du sirop de framboise, par des bouquets de fleurs de vigne, telle que soit l'autorité d'*Asselquist*, n'est qu'une confiture d'amusette, bonne tout au plus pour les almanachs.

Nous passons ici tout ce que M. Chaptal rapporte

des usages des Romains ; ce qu'a dit Pétrone sur les amphores ; Baccius et Gallien sur les cades et les autres vases ; Pline sur la cire propre à luter les vins ; Hoffmann sur les caves : pour nous , il ne peut être question que des auteurs et des modes français.

Dans le chap. VII , M. Chaptal traite des maladies du vin et des moyens de les prévenir.

L'érudition égare encore notre illustre auteur ; pour faire durer les vins et apprécier leur âge , il a recours à Gallien , à Athénée, etc.

Nous ne pouvons voir un moyen de conservation du vin dans le mutage , qui heureusement est peu pratiqué , si ce n'est pour faire à son loisir du sirop ou de la mélasse de raisin.

M. Chaptal attribue la graisse des vins à ce que le principe extractif, n'a pas été convenablement décomposé par la fermentation.

Nous retrouvons un maître en chimie dans ses explications sur l'acescence du vin ; mais nous sommes étonnés de voir au nombre des moyens pour ôter l'acide du vin , la fatale *litharge* , que M. Chaptal signale lui-même comme dangereuse ; il indique plusieurs recettes pour corriger les vins gâtés ; mais, comme il n'y attache pas de prix , nous n'en faisons pas mention.

Le Chap. VIII a rapport aux usages et vertus du vin ; nous n'avons point à nous en occuper.

Le chap. IX est consacré à l'analyse du vin et à la distillation : pour de tels sujets , M. Chaptal est sur son terrain ; nous nous permettrons seulement

de lui faire observer qu'il n'est pas exact de dire
que les meilleurs vins fournissent, en général, la
meilleure eau-de-vie. Les vins de Vosne, Vougeot,
Chambertin ne donneraient jamais une eau-de-vie
aussi bonne que celle de Cognac.

M. Chaptal termine son grand travail par quelques réflexions sur le *bouquet du vin*; il met en
première ligne celui de Bourgogne; il pouvait
comprendre celui de Bordeaux. Nous terminerons
nous-mêmes notre extrait, que nous n'avons pu
abréger davantage, en disant avec une assurance
bien sentie, que le bouquet du vin est encore
moins l'ouvrage de l'art, que celui de la nature.

§ IV.

*Analyse et réfutation de l'appareil et de la méthode
de Mlle. et de M. Gervais (de Montpellier) sur
la vinification.*

Dans notre dernière livraison, nous nous sommes
expliqués sur l'appareil vinificateur produit par
Mlle. Gervais; il nous reste à jeter un coup d'œil
rapide sur le commentaire raisonné que monsieur
son frère en a fait dans un ouvrage imprimé et publié en 1820. Nous le devons, 1°. parce que ce commentaire est un corrollaire proprement dit du traité
de M. Chaptal; 2°. parce que des savans renommés

l'ont accrédité dans tous nos vignobles ; 5°. parce
que des magistrats, des sociétés, une chambre consultative et des propriétaires, ont fait ou approuvé
des expériences qui attestent du succès par cet appareil ; 4°. enfin, parce que devant offrir nous
mêmes et immédiatement, un *essai sur l'art de faire
le vin*, il nous est imposé de reproduire au moins
les erremens les plus récens, et on ne peut passer
sous silence ceux de Melle. et de M. Gervais, qui ont
déjà fait tant de bruit.

M. J.-N.-A. Gervais fait précéder l'exposition et
la discussion des diverses parties de sa méthode
nouvelle, par un avertissement qui est singulière-
ment remarquable : « Il considère, dans le savant
» tableau de l'industrie française du célèbre M. le
» comte Chaptal, l'immensité des vins ordinaires,
» et la petite quantité que nous en trouvons de su-
» périeurs... La terre qui produit le meilleur blé
» remplit la cave de vin commun. »

On dénature, selon lui, le produit des vignes
vieilles ; le négociant perd la confiance et sa fortune ; tel en est le cours actuel, si les propriétaires des
vignobles ne se hâtent de perfectionner leurs produits.

« Dans cette hypothèse, continue-t-il, de quel
» prix ne doit-on pas estimer le nouveau procédé
» que je viens de faire connaître pour la fabrication
» du vin, pour en augmenter la quantité, l'en-
» richir de tous les principes les plus précieux, le
» dépouiller de tous les corps étrangers qui en

» altèrent la finesse et la beauté, et le soustraire
» constamment aux influences qui peuvent vicier
» ses principes; tels sont, etc. »

M. Gervais ouvre sa grande et nouvelle carrière,
appuyé sur MM. le comte Chaptal, l'abbé Rozier
et dom Gentil. Qui pourrait refuser de croire,
s'écrie-t-il, à de telles autorités? Gentil!... Ro
zier! etc., etc.

« Que pourrais-je dire de M. le comte Chaptal,
» qui ne fût au-dessous de ce qu'en pensent le lec-
» teur et l'Europe savante? Dirai-je qu'il voulut
» cesser d'être le premier ministre de la puissance
» humaine, et devenir celui de la nature, afin d'in-
» struire l'agriculture, perfectionner les manufac-
» tures, embellir les arts, pour le bonheur et la
» gloire de sa patrie? Tout le monde le sait; mais
» ce qu'il y a de plus glorieux encore, c'est de voir
» ses vertus philanthropiques rivaliser en lui la gloire
» du génie. »

Nous rappelons à dessein ces exagérations, qui
sûrement auront déplu à M. Chaptal lui-même.
Ce savant, sans doute, n'a pas toujours eu le bonheur de faire du bien par ses systèmes ou par ses
travaux, mais bien certainement, il a voulu
toujours en faire; nous les rappelons encore, parce
que c'est aujourd'hui le ton dominant dans les sociétés savantes. On ne parvient plus aux fauteuils divers et même aux places, qu'après avoir épuisé les
titres ou les épithètes de *grand*, *de célèbre*, *d'im-
mortel*, et prodigué le brevet banal *de réputa-*

tion européenne; selon eux, Newton, Linné, de Saussure, Buffon, ont vieilli. Si ce déplorable ton de flatterie continue, on arrêtera tous les travaux, tous les essors; il ne sera plus possible de voir de sitôt rien de plus ou de mieux, que ce que certains savans titrés en politique, auront daigné dire en physique, en mathématiques, en histoire générale; qui oserait contredire les Lap. B. L.? L'agriculture aussi a ses exclusifs, ses doges ou ses pontifes, ses ultra et ses citra.

Si nous avons trouvé une vaine exagération dans l'avertissement-préface de M. Gervais, nous trouvons de même trop de modestie dans le titre *opuscule* qu'il donne à son ouvrage, et qui n'est pas sans mérite sous quelques rapports; mais il a pris une fausse voie, et le flambeau qu'il croit avoir allumé pour éclairer toute la France, n'est qu'un phosphore artificiel.

Le chapitre Ier. ne contient que des généralités : c'est Rozier qui en a les honneurs.

Le chapitre II traite du vin et de la nécessité de le faire mieux; les premières lignes sont consacrées à l'éloge du vin. Selon Salomon, est-il dit, il réjouit le cœur de l'homme; c'est le Pégase des poëtes (d'autrefois); le lait des vieillards; des vins détériorés, enfin, par suite des mauvaises méthodes, deviennent la source d'une infinité de maladies qui nous accablent. » (M. Gervais n'en désigne aucune.)

» L'art de la vinification n'était pas encore assez » perfectionné ; il lui manquait le procédé de

» M^dlle. Élisabeth Gervais... l'invention la plus com-
» plète et la plus parfaite... Elle garantit les vins
» de toute altération, conserve le gaz, l'esprit et
» le parfum qu'ils perdent selon la méthode ordi-
» naire... Plus précieux en qualités, plus riches en
» esprit, ils augmentent en volume et en quantité
» de 10 à 15 p. 100. »

Dans le chapitre III, l'auteur accuse la science et
l'expérience de l'imperfection des méthodes usitées,
et il en trouve la preuve dans le mémoire de D. Gentil.

Il s'agit dans le chapitre IV de la fermentation
spiritueuse, selon la méthode ordinaire.

Les principes les plus essentiels à la fermentation
du vin, sont le sucre et la levure; la chaleur, le
contact de l'air et le volume de la masse, influent
le plus sur la fermentation spiritueuse; le froid lui
nuit. L'auteur cite *Plutarque;* mais, sur ce sujet,
c'est M. Chaptal qui détermine pour lui toutes les
conditions d'une bonne fermentation.

La chapitre V, exprime les pertes que la chaleur et
le mouvement causent à la fermentation spiritueuse
par la méthode ordinaire; mais ce sont D. Gentil,
Chaptal et Rozier, qui tour à tour établissent les
conditions et les effets de la fermentation.

Il prétend que la chaleur convertit le corps muqueux en esprit ardent, qu'une partie s'évapore,
que l'esprit est incorruptible et qu'il conserve la liqueur;

Que la chaleur et le mouvement de la fermentation occasionent la volatilisation d'une portion du bouquet ;

Que trop de chaleur accélère la rapidité de la fermentation : dans ce cas le principe inflammable se dégage avec impétuosité ; la liqueur ne peut se conserver long-temps, elle aigrira, etc.

C'est encore M. le comte Chaptal qui, dans le chapitre VI, établit le préjudice que le manque du principe sucré occasione au vin fait par la méthode ordinaire ; M. Gervais se borne à citer ses augustes patrons.

Le chapitre VII est relatif au décuvage ; M. Gervais trouve la preuve de la défectuosité des méthodes ordinaires, dans la nécessité de décuver avant que la fermentation soit finie ; la liqueur, dit-il, reste chargée de tous les corps hétérogènes, qui l'entraînent à une décomposition inévitable, etc.

Les effets de l'action de l'air sur la fermentation spiritueuse sont la matière du chapitre VIII.

« L'action de l'air est d'un effet bien funeste dans la fermentation ordinaire ; l'esprit ardent se dissipe, l'acide carbonique entraîne avec lui l'esprit et le parfum ; les principes en sont altérés, et bientôt la décomposition, etc. »

« Les ravages de l'air atmosphérique avaient
» long-temps occupé les agronomes, dit M. Gervais ;
» mais tous leurs faibles moyens étaient trop au-
» dessous de ce que l'homme célèbre qui est l'organe
» de la nature dans tous les arts chimiques, avait
» reconnu nécessaire, pour ne pas porter son génie

» indiquer le spécifique que la nature attendait de
» l'art pour compléter la vinification. » Suit une citation de l'écrit de M. Chaptal, sur la fermentation
en vase fermé.

« C'est ainsi, continue M. Gervais, que cet
» homme célèbre, en s'élevant au-dessus de ce qui est
» fait, voit et assigne d'un regard de son génie tout
» ce qui reste à faire. Eh bien ! ce qui restait à faire
» *est fait.* »

C'est le procédé de Melle. Gervais.

SECONDE PARTIE.

Dans le chapitre Ier. de cette seconde partie,
M. Gervais ne laisse pas d'alternative ; il établit la
nécessité de recourir à son procédé ; il invoque un
peu moins ses autorités habituelles ; il détermine la
ligne pour le bon vin, du 40e. au 50e. degré ; il accuse
la méthode vulgaire de toutes les imperfections de
l'art, de ce qu'il y a tant de vins grossiers qu'on livre
à la distillation.

M. Berthollon n'a peut-être dit qu'une chose vraie
dans son mémoire à l'académie de Montpellier ;
M. Gervais la réfute. M. l'abbé se plaignait avec
beaucoup de raison *de l'orgueilleux mépris des
gens du monde* pour les choses utiles ; lui, aime
mieux croire M. Chaptal son Mécène, qui a révélé
que les Grecs avaient avancé l'art de faire, de tra-

vailler et de conserver les vins ; il aime bien mieux le croire encore, quand il attribue toutes nos connaissances sur l'art de faire le vin, aux *progrès de la chimie* (1).

Les anciens, dit M. Gervais, ont connu la fermentation *close*, mais elle était impraticable pour les grandes masses.

« Il était réservé à M*elle*. Élisabeth Gervais, ma
» sœur, de réussir à la découverte d'un appareil
» qui rendît la vinification parfaite ; procédé sim-
» ple et facile, et pour lequel, est-il dit, elle a
» été *brevetée* par ordonnance de sa majesté. »

Ce procédé garantit le vin des pertes qu'il fait dans la fermentation ordinaire ; il conserve son esprit et son parfum ; il augmente la quantité et l'enrichit de principes précieux.

Le chapitre II contient les détails du procédé.

Nous remarquons dans le III*e*., une soupape qui n'existe plus ; cette disparition prouverait au moins qu'on avait mal expérimenté d'abord, ou trop déguisé celle de 1755.

Le IV*e*. mérite une sérieuse attention ; M. Gervais fait *égrapper toute la vendange*, et sur ce point il ose contredire son maître, M. Chaptal, qui a jugé de l'utilité de l'égrappage dans certains cas. M. Gervais ne fait pas d'exception. « *La grappe rend le vin*

---

(1) Voyez les faits sur les expériences de MM. Maquer, d'Arcet, Lavoisier, et Chaptal même.

âpre et dur. » Il explique ensuite l'action de la fermentation du gaz acide carbonique ; la condensation des vapeurs, sous l'atmosphère de la cuve, « jusqu'à ce que tous les phénomènes qui caractérisent la fermentation diminuent, s'apaisent, *et le vin est fait.* »

Le chapitre V est très-long : M. Gervais le traite *seul ;* il s'agit de l'analyse raisonnée de sa méthode et de celle ordinaire.

Dans les mauvaises années, où le moût est aqueux et vert, on fait du feu dans les celliers, on jette du moût bouillant dans les cuves : Tous ces moyens nuisent aux principes essentiels du vin.

Alors même que la température est plus élevée, la fermentation d'une vendange imparfaite est débile, « à cause de l'équilibre que l'action de l'at-
» mosphère cherche à établir dans les liquides sou-
» mis à son contact, la fermentation est longue,
» le peu d'esprit ardent de gaz et de parfum sont
» dissipés, etc.

» Mais, hélas ! quels tristes vins dans le nord de
» la France ! »

C'est pour eux, dit M. Gervais, que le procédé que j'annonce est avantageux.... Suivent ses conclusions physiques : 1°. l'interdiction de l'air atmosphérique ; 2°. nulles influences étrangères ; 3°. la chaleur et le mouvement resteront concentrés, et la fermentation sera bien établie.

« La vendange la plus faible, enrichie de ce
» qu'elle a produit, pourra offrir, par le secours du

» procédé, le vin le plus délicat, le plus agréable,
» et peut-être le plus précieux par ses vertus, par
» son bouquet (page 50). »

Par la méthode ordinaire, continue-t-il, la fermentation se trouve contrariée par des causes étrangères, ou par des influences de la vendange même;
il s'appuie sur Rozier, « que trop de chaleur et de
mouvement nuisent aux produits de la fermentation : » M. Gervais veut la rendre toujours modérée
et graduelle.

Par le nouveau procédé, la vendange la plus faible arrive à la fermentation complète; et par les méthodes ordinaires, elle succombe aux contrariétés.

Mais s'il y avait excès de chaleur et de mouvement? se demande M. Gervais; il répond : « Rassu-
» rons-nous, en considérant la plus belle et la plus
» précieuse fonction de notre procédé; reconnais-
» sons un des plus beaux secours que l'art ait
» jamais accordés à la nature, dans les merveilles
» que leur heureux accord opère journellement
» pour le bonheur de l'homme (page 54). »

Le couvercle qui ferme hermétiquement..... le
chapiteau, le grand réfrigérant, la condensation
de tout ce qui est aqueux, spiritueux et balsami-
que, tout se dirige vers l'appareil, et pendant
que la *fermentation stationnaire* (1) « poursuit sa

______

(1) Ce mot est bien étrange, car il y a une telle succession
de mouvemens, que la cuvée n'est pas un instant dans le
même état.

» marche sur ce bel équilibre, la condensation qui
» retombe comme une pluie précieuse, du ciel de
» l'appareil, trouve la pellicule, l'inonde, la pé-
» nètre, et dissout la partie colorante. »

La fermentation par le nouveau procédé arrive
à son terme par des fonctions parfaitement réglées,
graduelles et complètes; tous les principes sont
élaborés. « Il n'est donc pas étonnant qu'elle nous
» donne dans son produit un vin généreux et pe-
» tillant, d'une couleur vive et foncée, et d'un
» goût agréable et parfumé (page 59).

» Par la méthode ordinaire, la fermentation fait
une perte continuelle en esprit, gaz et parfum ; le
marc aigrit, mais il faut décuver avant qu'elle arrive à son terme : mais déjà il a reçu l'impression
du levain funeste qui doit le perdre (de l'acidité
du chapeau.) »

L'existence de ce chapeau, que Rozier croyait nécessaire, est combattue par M. Gervais; il regarde
comme une erreur de croire que l'air atmosphérique ne puisse pas produire cette acidité ; il s'attache à prouver son influence contraire ; » Je me
» fais un plaisir, continue-t-il, de la décrire, avec
» d'autant plus de raison, que je ne pense pas
» qu'elle ait encore été publiée par aucun auteur. »

Il met en fait « que la partie aqueuse chargée
d'esprit et de parfum, et que le gaz carbonique entraîne, une fois arrivée au-dessus de la *masse ga-
zeuse*, se trouve en contact avec l'air atmosphérique ; qu'alors une portion de la partie aqueuse est

condensée et retombe, comme un brouillard malfaisant sur la vendange, ce qui détermine l'acidité ;
le dessus du marc s'aigrit fortement, et tout le vin
reçoit *le germe de sa destruction*, etc. »

Le chapitre VI est relatif au vin ordinaire, com-
paré au vin de l'appareil. Par l'analyse que M. Gervais en a faite, il trouve trois causes qui rendent le
vin faible et plat. L'action de l'air est le principe
d'acescence du chapeau qui doit rendre le vin grossier et amener sa décomposition ; une fermentation
imparfaite, dans le décuvage avant terme, rend le
vin capiteux ou sujet à la graisse.

« Ainsi, continue-t-il, les tristes résultats des
» méthodes ordinaires paraissent plutôt destinés
» à faire du vinaigre que du vin ; voilà pourquoi
» les qualités supérieures sont si rares, les vins
» communs si grossiers, et leur durée si courte. »

M. Gervais y voit une tendance inévitable à faire
du vrai vinaigre : « Le négociant, dit-il, colle, cla-
rifie, soutire ;.... mais tous ces secours artificiels ne
peuvent agir comme principes constituans de la
liqueur ; aussi, trop souvent la ruine du négociant, etc. etc. »

Le vin de l'appareil, reprend M. Gervais, *cla-
rifié* de lui-même par la fermentation complète,
est *vif et limpide lors du décuvage* ; il possède tout
l'esprit qu'il a produit ; il est saturé de tout le gaz
qu'il a pu prendre ; en tout il est supérieur au vin
des méthodes ordinaires ; mieux combiné, pur de
toute altération, il est rendu *incorruptible* ; ajou-

tez, la finesse du goût, le charme du bouquet, etc.,
page 75.

« Ne devrait-on pas abjurer des méthodes con-
» stamment funestes à la qualité de nos vins, au plai-
» sir de nos goûts, et à la santé de nos corps, qui
» deviennent la source d'une infinité de *maux.* »

Il cite M. Chaptal, qui a cité Pline, pour un vin
servi à Caligula, lequel vin avait cent soixante ans ;
Horace parle d'un vin de cent feuilles. Où sont les
nôtres ? s'écrie M. Gervais, pourrait-on hésiter à
adopter un procédé qui est, selon M. Chaptal, le
complément de la vinification. (Souligné par l'auteur.)

Le chapitre VII traite des vins et des eaux-de-vie.
M. Gervais ne rappelle les qualités exquises des
vins de Bourgogne, de Bordeaux, etc., que pour mé-
nager aux propriétaires une agréable surprise « par
» la supériorité inconnue des vins qu'ils fabrique-
» ront par son procédé » : le reste du chapitre se
rapporte à l'eau-de-vie.

Dans le VIII°. il s'agit des avantages que le procédé assure à l'agriculture et au commerce. M. Gervais cite M. Mourgue de Montpellier et M. Chaptal ;
il rassure les négocians sur la perfection des vins
et des eaux-de-vie ; son vin sera propre aux *expé-
ditions les plus lointaines* ; il ne craindra plus la con-
currence des nations rivales, page 87.

Suivant son procédé ; les vins possèdent en esprit
de 12 à 15 pour 100 de plus, que par les anciennes
méthodes, et d'une qualité infiniment supérieure ;

l'augmentation du volume sera de 12 à 15 pour
100.... sur ce, des *attestations irrécusables*. Le produit pour le propriétaire sera augmenté de 20 à 30
pour 100 ; cet avantage ne coûte aucun frais, ni aucune dépense (*une fois la licence obtenue*), dit lui-
même M. Gervais, tandis que les frais de culture, les
contributions font une différence en faveur du procédé, de 40 à 50 pour 100 de la récolte (1) : tels sont
les bienfaits, etc., etc.

Il offre en spéculation, dans tous les départemens
à vignes, *l'exploitation du brevet de l'auteur...;* ils
auront la certitude que les autres vins seront *inven-
dables* (souligné par l'auteur).

Suivent les attestations :

1°. De M. le maire de Fabrègues : la qualité du
vin, supérieure ; la couleur plus vive, plus corsée
et plus foncée ; le parfum du vin de roussillon ; augmentation dans la quantité ; le vin de pressoir
égal au vin fin ; le marc, sous l'appareil n'a pas
bougé. A Fabrègues, le 30 octobre 1819, signé Gi-
rard.

2°. De M. Lacroix, propriétaire à Font-de-Pierre,
département de L'Hérault : après 22 jours de cuvaison, le vin, liquoreux, suave, aromatique ; le
marc avait le parfum du ratafia ; le vin dégusté par

----

(1) M. Lavoisier, M. Dru et M. Delavau, ont démontré que
la plus grande quantité possible à obtenir par le robinet, ne
pouvait aller au delà d' 1/1500°.

des commerçans, incomparablement meilleur que celui de la méthode ordinaire; on gagne plus d'un 10°. Le 26 octobre 1819, signé E. Lacroix.

3°. De M. Vallat, du tribunal de commerce, du conseil des prudhommes de Lodève, propriétaire : le vin de l'appareil plus dépouillé, plus vif et plus parfumé que l'autre; 20 litres en plus que par l'ancienne méthode; le marc beau et parfumé. 19 octobre 1819, signé F. Vallat.

4°. Les négocians, membres de la chambre consultative de commerce du département de l'Hérault, procédant sur les échantillons de trois cuvées de vin fait, d'après le procédé nouveau, et sur un autre échantillon de vin fait, selon l'ancienne méthode, ont déclaré que les vins de l'appareil étaient plus corsés, colorés, de meilleur goût, et plus spiritueux... On ne peut méconnaître la supériorité de la méthode (Gervais).

La liqueur, continuent-ils, recueillie dans les premiers jours, n'est qu'une eau légèrement plombée, avec un goût de terroir; mais celle du 9°. jour avait acquis une teinte jaunâtre, une saveur forte et légèrement anisée, indiquant la présence de principes huileux, alcoholiques et aromatiques.

Ainsi, le procédé a le double avantage de ramener dans la cuve en augmentation de liquide 10 à 15 pour 100, tandis que par la méthode ordinaire cette quantité s'évapore, tandis que la fermentation à découvert peut ne produire que du vinaigre.

La concentration des parties d'huile essentielle...

dans la masse du vin, augmente la spirituosité et le bouquet du vin fabriqué à cuve close.

Les propriétaires des vins communs vendront plus cher, et il en sera de même dans les plus riches vignobles.

Le commerce enfin doit recueillir les fruits d'une telle méthode, qui fera livrer une plus grande quantité de vins à exporter.

En conséquence, nous estimons que le procédé... mérite d'être *pris en considération*. Signé (quatre membres). Telles sont les attestations qui sont connues et imprimées.

Nous n'entreprendrons point de discuter ni les principes, ni les faits produits, pour mettre en crédit l'appareil vinificateur; on a beaucoup trop dépassé les mesures dans lesquelles se tient, et doit toujours se tenir la science vraie; on a exagéré d'une manière extrême les résultats en qualités et en quantité; on n'a pas voulu faire observer, qu'il faudrait doubler au moins le nombre des cuves, puisque, dans les dispositions de M. Gervais, il faut laisser plus d'un pied de vide, du marc au bord de la cuve, et occuper les cuves pendant 25, 28 à 50 jours. On a mis en fait une pratique qui n'est qu'une vaine théorie, comme on en voit malheureusement tous les jours dans les brevets; on a trop légèrement condamné la vieille expérience à laquelle on doit les vins exquis de Vosne, de Chambertin, de Tonnerre, de l'Hermitage, de Bordeaux, etc.

Mais si les résultats publiés avaient les réalités annoncées, le gouvernement ne saurait payer trop cher une découverte pareille ; car enfin il ne s'agit de rien moins, que de la prospérité de l'agriculture, de l'industrie et du commerce ; d'accroître la fortune foncière de plusieurs *centaines de millions*, et d'élever au plus haut degré le bien-être public. Combien donc MM. François de Neufchâteau et M. Chaptal auront incessamment de reproches à se faire, d'avoir jugé si vite et au premier aspect, la découverte de l'appareil vinificateur de Melle. Gervais, comme un très-grand bienfait, et comme le problème le plus heureux de toute l'œnologie.

Nous allons tâcher de commencer la conviction publique contre le système ou la méthode de l'appareil, en offrant aux agronomes et aux vrais savans notre essai ou notre contingent propre, sur l'art de faire le vin.

SECONDE PARTIE.

Un agronome qui serait un œnologue renommé, un digne et vrai savant, ou une société d'agriculture, fût-elle académique, qui ferait publier un *Traité complet sur l'art de faire le vin*, aventurerait infailliblement une œuvre de conjectures, d'analogies et d'interprétations systématiques ; on pourrait y trouver sans doute de bons principes généraux, sagement établis, des faits habilement présentés, des analogies bien déduites, mais nul ne pourrait dire, avec une affirmative également juste, à tout propriétaire, dans chaque vignoble : Suivez mes leçons, et vous ferez toujours un très-bon vin.

Bien persuadés nous-mêmes de cette vérité, si manifestement démontrée par tous les écrits des temps passés, par ceux des temps actuels, et par la multiplicité des vins si différens entre eux, nous osons à peine proposer un travail spécial sur l'œnologie.

Pour obtenir, ou pour mériter plus de confiance, nous allons préalablement faire connaître les circonstances et les sources où nous avons puisé les principes, les méthodes et les conseils qu'une longue expérience personnelle a éclairés ; nous ne dirons pas toujours, peut-être, les modes les plus convenables aux vinifications locales, mais nous osons affirmer que nous mettrons toujours sur les bonnes voies de l'expérience les agronomes qui, dans des circonstances étranges ou nouvelles, pourraient avoir des doutes, ou voudraient tenter des perfectionnemens.

Comme tous les agronomes, jeunes, ardens et novices, l'un de nous aussi avait conçu en 1785, le dessein hardi de faire du bon vin dans un pays où il était habituellement détestable, et où il ne durait jamais plus d'un an ; c'était à Bleneau, en Puysaye, pays argileux, près de la rivière de Loing. Sa vigne,

exposée au midi, était entourée d'une forte haie
et dominée par un bois.

Rozier alors avait publié ses mémoires sur la fermentation vineuse; les sociétés savantes et les in-
tendans provoquaient partout des examens et des
expériences ; Maupin occupait de lui tous les œnologues, les savans, le gouvernement et les académies de France et de l'étranger.

Dom Gentil et l'abbé Bertholon rivalisaient de
modes et de soins sur la vinification.

L'agronome de Bleneau commença son cours
d'expériences par le mode de Maupin ; il eut à s'applaudir du moût bouillant, mais il eut le bon esprit
de ne s'en faire une règle, que pour les années où le
raisin n'était pas bien mûr. Tous les soins qu'il prit
à chaque vendange, pour n'admettre que des raisins
de choix ; ceux qu'il prit encore pour la cuvaison,
pour le décuvage et pour les tonneaux, le con-
duisirent, dans le fait, à changer un vin qui était
ordinairement plat, en un vin qui avait quelque
vinosité et qui, à Paris même, fut jugé bon vin
d'ordinaire.

Membre de l'*ancienne* société royale d'agriculture, il eut l'honneur de l'entretenir plusieurs fois
de ses essais sur le vin, et ce fut pour cette cause,
sans doute, qu'il fut adjoint à M. Chaptal, pour
faire un travail général sur l'art de faire le vin ; les
orages du temps dispersèrent les membres de cette
société, qui se réunit pour la dernière fois à l'hôtel
du département, place Vendôme ; M. Chaptal,

chargé en chef de ce grand travail , lui remit plusieurs mémoires , envoyés par les départemens ; il les possède encore ; il a pu y voir les causes de plusieurs graves erreurs dans lesquelles est tombé M. Chaptal , parce que ce savant n'a pas su distinguer assez les différences inhérentes aux climats , aux terrains et aux cepages.

Appelé , comme M. Chaptal , à concourir à la publication du tom. X et posthume de Rozier, l'agronome de Bleneau a entendu, chez le respectable Parmentier plusieurs lectures de l'article sur la vigne, par M. Dussieux , qui aussi travaillait sur *des mémoires* ; soit que ce dernier , *du pays chartrain* , ait pris pour contradictions , des observations de faits tout-à-fait opposés aux pratiques de Bourgogne et de Champagne , soit qu'il ait pris M. Chaptal pour son oracle , l'un et l'autre se sont exclusivement entendus pour composer les articles *vigne* et *vin* ; les échanges qu'ils ont laissés de leur éloge respectif, ne laissent aucun doute sur ce fait. L'agronome de Bleneau n'a eu garde de s'en plaindre ; au contraire, il a fait écho avec tous ses confrères pour applaudir au premier jet de l'œuvre de M. Chaptal , qui jouissait d'ailleurs sur lui de toute supériorité et suzeraineté, pour la science comme pour les titres.

L'article *vigne* de M. Dussieux a été bien jugé : un cours historique , et non un cours agronomique.

Appelé à la préfecture de l'Yonne, l'un des départemens de France , après Bordeaux , où il y a le plus de vignes peut-être , il s'est trouvé placé sur un théâtre tout nouveau, pour la culture de la vigne et pour la vinification. Il n'a pas tardé à reconnaître qu'il n'était encore qu'un novice, tant on y possède à fond la pratique de l'œnologie : c'est dans ce département que sont les vignobles de *Coulanges*, d'*Irancy*, de *Tonnerre*, de *Joigny*, de *Chablis*, d'*Avallon*, et les clos de *Migraine*, de la *Chenette*, de *Vezelay*, des *Olivotes*, dont tous les vins, *essentiellement différens*, sont d'ailleurs renommés dans le commerce, comme ils le sont aux tables des rois, des riches et des gastronomes.

Pendant les trois premières années de sa préfecture, il s'est borné à observer, à consulter, à visiter et à juger, autant que possible, les causes de tant de différences extrêmes ou singulières ; quand il a cru bien posséder l'œnologie yonnienne, il a acheté le fameux clos de Migraine, dont il a dirigé pendant 12 ans les vendanges, non en faisant des expériences à la Maupin, mais en consultant chaque année les bons vieux vignerons et tonneliers du vignoble, et les propriétaires anciens qui avaient la réputation de faire le meilleur vin.

C'est alors qu'il a lu, relu et médité le traité de M. Chaptal ; c'est alors qu'il eût été agréable à un préfet de dire à son ministre : vous avez déclaré les vrais principes sur l'art de faire le vin. Mais à chaque vendange et cuvaison, il entendait critiquer ou ridiculiser les méthodes du maître de Montpellier ; il ne fut plus permis de douter du vague des idées et des préceptes du savant, quand, à la table du préfet de l'Yonne, il conseilla de faire de l'eau-de-vie d'un vin qui, par son parfum exquis et par une douce vinosité, se vendait, dans le commerce même, 4, 5 et 6 fr. la bouteille.

On ne devient maître en œnologie qu'à force d'observer : heureux celui qui sait et peut le faire bien.

Si l'agronome de Bleneau n'avait pas apporté dans l'Yonne beaucoup de connaissances acquises, il croit du moins avoir emporté de l'Yonne un assez bon fonds d'observations pour servir à composer un ouvrage utile à la vinification. Devenu propriétaire dans un vignoble renommé de Champagne, il s'est attaché, depuis quelques années, à bien juger encore de la culture de la vigne et de la vinification de ce vignoble célèbre et unique sur le globe ; il a pu observer, ailleurs, les méthodes de plusieurs autres grands vignobles, et il se croit en état d'offrir des vues saines et utiles pour la vinification en général : jamais les circonstances ne furent plus opportunes, puisque M. Chaptal, des professeurs, des agronomes et des sociétés d'agriculture, d'une part, et M. et Mlle. Gervais, de l'autre, viennent de fourvoyer encore tous les propriétaires œnologistes de la France.

Comme nous venons de donner le sommaire chronologique des auteurs qui ont traité de la vigne et du vin, depuis la restauration de l'agriculture (1750), nous nous dispenserons, suivant notre usage, pour chaque sujet important, de faire un détail histori-

que préliminaire ; nous en serons plus courts , et
nous ne sortirons pas du cercle des préceptes rela-
tifs : nous allons donc entrer de suite en matière.

§ Ier.

De la vendange.

Si la maturation est le but essentiel de la culture
et de l'art d'un bon vigneron, la première condition imposée pour faire du bon vin , c'est de vendanger à temps et à propos. Tel que soit au surplus
le mode de culture , l'agronome qui préside à une
vinification doit , avant d'ordonner sa vendange ,
bien examiner l'état de la maturité des raisins noirs
et blancs.

Mais déjà nous nous trouvons arrêtés dans le cours
de nos avis et préceptes, car il y a encore des *bans*,
des exceptions ou des usages fâcheux et contraires
pour la bonne vinification. Les bans étaient sans
doute plus rigoureux autrefois , puisque le censitaire ne pouvait vendanger sa vigne avant que
celle du seigneur ne le fût par le concours de ses
vassaux ; ainsi , quand la vigne seigneuriale se trou-
vait dans un sol ingrat et tardif , il fallait que le
censitaire souffrît l'avarie ou la détérioration de ses
raisins placés sur un meilleur sol ou d'un cepage
différent. Les seigneurs en général tenaient fort peu

à leurs vins, faits dans le vol du chapon , mais ils tenaient beaucoup au droit d'empêcher.

La féodalité est détruite , nous diront des optimistes; oui , sans doute , elle l'a été, même solennellement et du consentement du prince qui avait déjà tant fait pour le bonheur commun des hommes des champs et pour l'humanité ; mais il n'en est pas moins vrai que les bans durent encore , et même, sur ce point, il y a des municipes tout aussi déraisonnables que pouvaient l'être certains seigneurs ; les juges de paix et les prudhommes d'ailleurs sont réduits chaque année à prononcer arbitrairement.

Nous conviendrons cependant qu'il y a des bans, ou du moins des publications de vendanges , qui sont utiles et même indispensables ; beaucoup de grands vignobles ne peuvent expédier à temps leurs vendanges , qu'à l'aide de 2 à 5 mille vendangeurs étrangers ; il faut donc absolument faire annoncer d'avance l'ouverture de la vendange ; cette colonie de vendangeurs de son côté , fait la répartition des vignobles qu'elle doit parcourir en 15 ou 20 jours ; dans ces cas , il y a des précautions à prendre.

Voici donc encore une circonstance qui doit vivement faire regretter l'absence d'un code rural ; car il ne doit pas plus dépendre d'un maire que d'un féodal, de défendre ou d'avancer arbitrairement l'époque d'une vendange.

Là, sur une côte , au *sud* et dans un sol légèrement *calcaire* , le raisin sera parfaitement mûr, quand sur la côte opposée il sera vert encore ; ici

des propriétaires préferent des cepages à raisins
blancs, qui sont beaucoup plus hâtifs que les noirs ;
que, *par ordre*, la vendange soit instantanée et
générale dans la commune, il y aura évidemment
beaucoup de pertes ou de non-valeurs.

Depuis 5o années, la France invoque un code
rural, et depuis 3o ans on est sourd à ses vœux et
à ses cris : on a fait plus, on a déclaré qu'il était
inutile ! Oh ! M. Lainé, quel malheur que vous ayez
été aussi étranger à l'agriculture de la France, et
même à celle de la Guyenne !

Partant donc du point de fait ou du principe, que
chaque propriétaire est *libre* de vendanger son raisin
quand il est mûr, nous conseillons, s'il s'agit de vin
rouge, d'attendre une maturité parfaite ; elle se
connaît à l'aoûtement du bois, à la queue ligneuse
de la grappe, à l'échappement du duvet de la feuille,
à l'état rugueux de la fibre dans le parenchyme, à
des nuances vergetées de rouge, à la fleur de
grappe (1) ; la maturité du raisin se connait plus

---

(1) La fleur de grappe n'a point été assez bien observée par
les œnologues et par les botanistes ; elle mérite de l'être. C'est
cette poussière blanche qui couvre le grain de raisin ; sa cause
ou son origine est un mystère ou une merveille encore de la
nature ; cette poussière est composée de globules infinis, tellement rapprochés et tellement étendus, qu'ils couvrent absolument tout le globe du grain, et si bien, que la pluie la plus
fine ne peut s'y fixer, quelle que soit la position de la grappe ;
si on frotte ou essuie cette poussière, la peau reste luisante,

sûrement encore au goût et muqueux sucré , aux
grains de grappe qui , taris d'eau , se rident et se
creusent ; s'il s'agit de raisins blancs , elle se reconnaît à la lucidité du grain , à des nuances brunes , à
l'état aussi du bois et de la feuille : le goût enfin
pour l'un et pour l'autre, doit terminer toute indécision.

C'est une très-bonne méthode , en général , que
de faire un triage des meilleurs raisins ; la simple
raison l'indique et la justifie ; car le vin toujours
sera d'autant meilleur ou exquis, que la masse de la
vendange aura été composée de raisins de choix.

Le triage a trois motifs précieux : 1°. de séparer
les raisins non mûrs ou viciés de ceux qui ont une
bonne maturité ; 2°. de faire un mélange assorti de
deux à trois sortes de raisins ayant un principe de
goût différent , afin de mieux combiner le mucoso-
sucré des uns par la fluidité ou l'austérité des autres (1); 3°. de se composer plus hâtivement un vin
bon à boire, en mettant une plus grande proportion
de raisin blanc dans un moût de raisin noir qui est
inégal dans sa maturité : ce dernier mode est très-
usité dans le Portugal.

---

d'un noir obscur, la pluie s'y fixe, la maturité s'arrête,
et il y a une différence bien grande pour le goût et la qualité
du jus, avec ceux des raisins qui ont conservé cette fleur.

(1) Cette composition de raisins divers fait les vins les plus
exquis de la Bourgogne et de la Provence.

Mais, nous dira-t-on, une seconde ou troisième vendange augmente les frais ; hors des vignes encloses, ce qui reste est à la merci des grapilleurs, à qui l'usage coutumier donne le *droit* d'entrer dans les vignes vendangées ; or, s'il s'en trouve une dans ce cas, les vignes où il y aura eu des triages seront exposées, car dans les côtes il y a rarement des lignes de séparation ; ces difficultés existent, nous les reconnaissons, et elles ajoutent à toutes nos insistances pour un code rural.

Dans les vignobles renommés, on ne compose en général la première cuvée qu'avec du raisin noir et du cepage le plus accrédité : le blanc ne se mêle au noir que pour les vins ordinaires ; mais si la maturité est complète, si la grappe en l'écrasant est sirupeuse, si le suc reste inhérent à la grappe, il devient essentiel d'ajouter à une telle vendange des raisins dont le jus soit plus fluide et plus vif ; c'est un moyen sûr pour favoriser une prompte fermentation, et de faire combiner tous les élémens de la masse. C'est à ces fins que les meilleurs œnologues tiennent toujours un cepage moins délicat dans son raisin et dont la grappe soit moins ligneuse. Il est inutile de faire observer que, hors le cas de maturité par excès, on ne doit pas faire une telle addition.

Quelques œnologues préfèrent, pour corriger l'excès de maturité, l'emploi du raisin blanc ; ils y trouvent plus de fluidité, plus de sucre et de vinosité, et un vin plus tôt bon à boire ; dans le doute

de l'une ou de l'autre méthode, le ton de couleur
à donner au vin doit décider la préférence.

Des propriétaires et des vignerons tiennent à cul-
tiver à la fois dans la même vigne des cepages de
raisin blanc et de noir ; ainsi, des cultivateurs tiennent au blé méteil, et tous disent : si les uns man-
quent, les autres ne manqueront peut-être pas ; ce
qui n'est pas mieux raisonné pour la vinification que
pour la panification, mais tel est l'état des choses ;
cependant, il est facile de juger que la qualité, le
bouquet et la durée du vin dépendent nécessairement d'une juste proportion de raisins blancs dans
la masse des noirs.

On ne fait point assez d'attention malheureusement aux détails minutieux de la vendange ; on les
ordonne en général, comme on ordonne de mois-
sonner, de faucher ou de secouer les arbres ; cependant, le verjus, le raisin mal mûr, les grains
pouris, les grappes viciées par le ver et ses scories,
les corps étrangers, les queues de grappes plus ou
moins longues et tendres, sont autant de causes qui
altèrent ou gâtent les cuvées ; on a vu des nuées de
punaises de bois, ou des animaux asphixiés, perdre
des cuvées ou imprimer au vin un goût détestable :
la bonté ou l'excellence du vin, dépend cependant
de ces précautions. Pour y parvenir, nous proposons d'établir, au lieu où se charge la vendange,
deux à trois tables triangulaires, ayant un rebord
de 7 à 8 pouces sur les côtés, et dont chaque angle
porterait sur le bord d'un tonneau défoncé ; les

vendangeurs apporteraient les raisins sur ces triangles, auxquels seraient préposés des hommes pour
faire le triage des bons, des mauvais et des variétés :
chaque tonneau aurait sa destination ; l'un pour le
raisin parfait, l'autre pour le blanc et le noir moins
mûr, et le troisième pour le verjus et les grappes
gâtées ; une telle disposition n'a rien de difficile ni
de coûteux. Chaque grappe, vue au soleil ou au
grand air, est bien mieux choisie ; on serait donc
sûr au moins qu'il n'y aurait pas de corps étrangers
ni de mies de pain apportées si souvent par les pa-
niers des vendangeurs. (Voyez la fig.)

Le transport des raisins se fait diversement ; les
uns les font apporter dans des hottes, les autres les
mettent dans des cuveaux-baignoires ; ici, on les met
dans des tonneaux tenus debout et placés en file sur
une longue voiture foncée ; ailleurs, on les foule
dans des tonneaux à quart ou tiers- goutte, on fonce
les tonneaux et on les conduit en roule, au cellier
ou à la vinée.

Ces modes cependant ne sont pas indifférens, ni
pour les frais de main d'œuvre, ni pour la vinification qu'on se promet ; il faut plus de temps quand
on transporte le raisin sans le fouler ; alors on est
plus exposé à mettre plusieurs jours pour remplir
la cuve, ce qui est un grand inconvénient relativement à la fermentation. Nous serions d'avis qu'on
adoptât la méthode usitée en Bourgogne, de mettre
la vendange à demi foulée dans les tonneaux, de
les foncer et conduire ainsi à la cuve ; dans ce cas

il faut s'arranger pour qu'il y ait un nombre suffisant de vendangeurs , afin de remplir la cuve le même jour : le raisin , si le temps est beau , en sera mieux préparé pour une bonne fermentation.

Quoi qu'on en ait dit, il ne faut jamais vendanger ni par la pluie , ni à la rosée ; c'est mal à propos refroidir les grappes , et telle que soit la quantité de ces liquides , elle doit nuire à la qualité du vin. On a signalé la rosée et le brouillard pour augmenter la quantité du vin blanc et pour favoriser sa blancheur ou sa mousse ; c'est une erreur que nous ne voulons pas combattre par respect pour celui qui a eu l'imprudence de l'accréditer ; mais pourtant nous ferons observer que ces liquides météoriques nuisent encore plus au vin blanc qu'au vin rouge ; soumis immédiatement au pressoir , l'eau coule avec le vin et l'atténue dans sa vinosité et même dans sa douceur sucrée ; par la fermentation au contraire , le choc des élémens , l'agitation tumultueuse , le feu en un mot de la cuve en décomposant le sucre et la matière extractive , décompose aussi l'eau et la combine en élémens nouveaux pour en faire le vin.

On opposera peut-être des usages généraux contraires et des exemples de bons vins , car les abus ont les plus chauds défenseurs ; nous venons de donner nos raisons, nous les soumettons aux œnologues ; il y a au surplus pour tout, pour les fabrications et pour les amalgames , de bonnes et mauvaises compositions , comme il y a de très-mauvaises cuisines, quoique les mêmes choses bien apprêtées et soignées offrent ailleurs des mets excellens.

L'époque des vendanges varie nécessairement, comme les circonstances de température, et c'est pour cette cause qu'il faut être exercé par l'expérience pour assigner l'époque propice de la vendange ; cependant, nous ferons observer qu'il y a des espèces de raisins qui, avant d'être vendangées, ont besoin d'être frappées des premières gelées d'automne ; telle est celle qui fait le vin d'Arbois, vin très-renommé : cette condition est imposée à l'espèce, car du plant d'Arbois, transplanté sur un coteau de Tonnerre, est traité de la même manière : on nomme ce vin *Arbelle* ; il est depuis long-temps réputé excellent pour la table, et même par les médecins, pour certaines maladies ; tous les autres vins sont faits dans le Tonnerrois, quand le raisin d'Arbelle est encore aux ceps absolument dépouillés de feuilles.

Il nous reste une dernière observation pour le moment des vendanges, c'est de bien recommander de ne pas briser les ceps et de couper net les queues des grappes aux sarmens : la vendange suivante donne toujours la preuve de l'utilité de cette recommandation.

§ II.

Du foulage et de l'égrappage.

Ces deux opérations sont mises en question dans tous les livres, mais heureusement il y a moins d'incertitudes dans la pratique des vignobles. Beaucoup de savans se sont abusés en prescrivant un foulage absolu ; M. Chaptal lui-même en fait la condition, sous peine de voir, dit-il, le premier suc exprimé, terminer sa période, avant que les grains échappés au foulage aient commencé la leur.

M. le comte est ici dans une grande erreur, et même de fait, car il suppose, pour la même cuve, des fermentations alternatives, dans chaque partie de raisins d'un état différent, tandis que la fermentation est une et s'étend à tout ce qui la compose, ou plutôt, tandis que tout ce qui la compose y concourt et la produit. Une fermentation commencée peut être apaisée et retardée par l'addition du tiers ou de la moitié d'une vendange froide, mais lorsqu'elle reprend, la première quantité n'a rien de terminé, le tout est entrepris de nouveau par le feu qu'allume le choc des substances diverses.

Il faudrait, continue M. Chaptal, soumettre tous les raisins à l'action du pressoir ; mais un tel usage, quoique expéditif, n'existe nulle part où le vin a

de la qualité ; on aurait grand tort en effet , parce
que ce serait ravir ou amortir dans la fermentation
des élémens qui lui sont nécessaires pour être vive
et forte ; autant vaudrait alors faire fermenter le
moût dans les tonneaux , puisqu'on recommande
un foulage et un égrappage absolus ; mais on n'aurait ainsi qu'un vin fou , et non un vin fait.

M. Bosc , collègue de M. Chaptal à l'académie , à
la société royale , au conseil ministériel et directeur
du système de la synonymie des variétés de vigne
dans le jardin du Luxembourg à Paris , a proposé ,
pour obtenir un foulage absolu , d'établir deux cylindres sur le pressoir ; c'est bien là le conseil d'un
théoricien , et qui pourra convenir à quelque ama-
teur, parce que ce sera, dans le pays ou le château ,
une chose nouvelle et conséquemment superbe :
deux cylindres tournant sur un pressoir !

Tâchons de réduire les extrêmes du foulage et le
foulage lui-même à une juste valeur. Il faut sans
doute fouler , et même la plus grande partie , afin
de déterminer promptement la fermentation ; mais
on se trompe de croire qu'un sixième ou qu'un
cinquième des grains qui échapperaient au foulage ,
échapperaient pour cela à la fermentation générale
et à une bonne vinification.

Malgré sa forme sphérique , le grain subit la décomposition commune. Si ces MM. de l'Académie
avaient pris la peine d'observer l'état des grains
échappés au foulage , après le décuvage , ils se seraient convaincus aussitôt que le grain entier , dès

qu'il y a quantité suffisante de moût, concourt très-activement au heurt général de la fermentation ; notre affirmative n'est pas un système ; c'est un fait positif et annuellement démontré.

Nous avons laissé à dessein des grains, dits *grumes* en Bourgogne, et souvent dans la proportion d'un cinquième ; il serait difficile au surplus de n'en pas laisser, quand on jette la vendange sur un crible d'osier ou de corde ; en examinant, après le décuvage, cette *grume* restée entière, on la trouve sans substance vineuse ; elle est dépouillée de tout son sucre ; elle a perdu tout le vif de sa couleur : on douterait presque qu'elle a été noire ; si on l'écrase sous la dent, elle est fade et d'un mauvais goût ; en la pressant sous le doigt, elle n'offre que son pepin et le filament de sa fibre : voilà de ces effets que chacun peut vérifier. Qu'on vienne ensuite se vanter des progrès de la science sur les choses de l'œnologie, quand les faits les plus simples sont inconnus ou mis en doute.

Il nous reste une observation essentielle à faire sur ces *grumes* sphériques ; c'est qu'elles concourent parfaitement à la formation du chapeau, sous lequel s'accomplit le phénomène si précieux de la fermentation ; nous dirons plus : ces *grumes* rondes retiennent une grande partie des gaz qui s'évaporeraient ; on juge de la présence ou séjour de ces gaz, même du carbonique, quand, au fort de la fermentation, on met un de ces grains dans la bouche.

L'égrappage mérite chaque année les honneurs

d'un examen nouveau , car la fermentation et la vinification s'y rattachent essentiellement. D'après des
insinuations de la théorie , on avait adopté dans le
vignoble d'Orléans, l'égrappement absolu, mais on
ne tarda pas à s'apercevoir que les vins tournaient
plutôt au gras, et on reprit l'ancienne méthode.

Tout égrapper, ou ne pas égrapper, serait un extrême ; on compromettrait le sort de la cuvée : tâchons de bien nous expliquer sur cette opération ,
relativement à la qualité du vin.

1°. Il faut absolument de la grappe, de la pulpe,
de la pellicule et de la grume pour bien composer
le chapeau de vendange , sous lequel s'opère la fermentation , et dans lequel se fixe le gaz qui préserve
le marc et le moût, du contact de l'air atmosphérique : sans ce gaz , *plus pesant que l'air*, il y aurait
infailliblement plus ou moins d'acescence à la surface. Il n'y a eu encore que M. Gervais qui ait pres-
crit un égrappage absolu.

2°. Si la vendange est très-mûre , il faut à peine
égrapper, afin de donner au moût trop sirupeux ou
muqueux , un acide vif qui divise et anime la masse.

Si la vendange est faiblement mûre , il faut égrapper davantage , mais de manière cependant à laisser de quoi former le chapeau , ce qu'il ne faut jamais perdre de vue : la cause d'un tel égrappement
est facile à sentir.

3°. Quand la fermentation a pour but l'eau-de-vie,
on peut alors égrapper à volonté , mais nous prions
de faire attention que, dans nos explications , il ne

s'agit que du meilleur vin à boire et à conserver.

4°. Il faut encore examiner la différence de la consistance des grappes ; les unes sont longues et fortement ramifiées, les autres sont courtes ; le pineau a la queue ligneuse et le corps de grappe plus sec, quand le tresseau l'a tendre, longue, avec une charpente plus étendue : il est aisé de sentir la différence de ces deux variétés dans un moût.

5°. L'instrument pour égrapper est simple et connu partout ; c'est un bâton de trois pieds de long, ayant trois pointes en triangle à un bout ; on le manœuvre en agitant la grappe, lit par lit, dans une tine ou cuvier, et lorsqu'il n'y a presque plus de grains, on ôte la grappe, on la jette dans un tonneau où elle peut tourner en vinaigre.

---

§ III.

Des cuves.

Pour la vinification des vins de table, il n'y a que des cuves en bois : celles en pierre ou en maçonnerie ne conviennent tout au plus encore qu'aux vins du midi, où en général on les distille en eau-de-vie, où les impressions de température extrême sont moins à craindre, où le bois des douves est plus rare et plus cher.

L'usage des cuves en pierre, malheureusement,

s'étend beaucoup trop ; il y en a même jusque sous
le climat de Paris, où toute cuve en bois, sur
cinq années, a besoin trois fois de chaufferettes
pour exciter la fermentation du moût. C'est encore
là un des rêves de ces malheureux théoriciens et de
leurs phrasiers ou cliens : ils croient tous avoir dit
ou révélé une chose précieuse, digne de brevet ou
de munificence que de faire substituer la pierre et la
chaux au bois : pour eux, il suffit d'un contenant,
et ils ne voient pas les rapports nécessaires qu'il y
a entre la matière de citernes, épaisses de plusieurs
pieds, et entre des douves de bois de chêne accessibles à la chaleur artificielle et à la température.

Dans une cuve en pierre, briques, ou moellons
(supposée déjà loin du littoral méridional), il y
a nécessairement le froid persistant des matériaux,
et ce froid retarde la fermentation ; dans ces cuves,
il y a encore un enduit qui se décompose ou s'use
plus ou moins ; la couleur du vin, par ce contact ,
doit être altérée ; le décuvage est plus pénible et
chanceux ; car, bien peu de ces cuves sont disposées
avec des robinets.

Dans une cuve en bois, l'impression de la température porte sur tous ses points de surface et même
sur son fond ; dans une telle cuve, la vendange
peut se mettre immédiatement en fermentation. Si
le temps est froid, s'il y a de l'immaturité on peut
échauffer le dessous et l'entour de la cuve ; s'il se
fait des infiltrations , elles sont de suite visibles.
Une cuve en bois se prête à tous les arrangemens de

déplacement ou de manœuvre ; une cuve de bois, enfin, s'envine toujours favorablement : il n'y a point à craindre les érosions et les atteintes des enduits de cuves en maçonnerie.

Les cuves en bois se font de toutes dimensions, et, si l'année est mauvaise, on remplit du moins une petite cuve ; la fermentation alors peut s'accomplir ; mais on ne fait pas de petites cuves en pierre ; on est donc souvent réduit à faire fermenter au sixième ou dixième de leur capacité : c'est au surplus, une question que nous avons déjà traitée. Voyez ce cours, tom. IV, pag. 329.

Le système Gervais comporte un grand inconvénient relativement aux cuves ; les cuvaisons y durent vingt-cinq, vingt-huit à trente jours ; une telle occupation ne permet alors qu'un seul service de chaque cuve, et par vendange ; mais on sait que dans les bonnes années, il arrive qu'on charge deux et même trois fois la même cuve : qu'on admette le système par l'appareil Gervais, il faudra donc doubler ou tripler nécessairement le nombre des cuves en bois, et même en pierre.

Préférant donc par toutes ces raisons physiques économiques les cuves en bois pour faire le vin de table, nous ne raisonnerons plus que dans le sens de cette préférence.

Une cuve en bois, pour être bien placée, doit être mise dans un lieu inaccessible au soleil, à la pluie et aux coups de vent. Sa hauteur doit avoir au plus cinq à six pieds ; elle doit être abritée par un plan-

cher compacte, afin de la faire jouir d'une température uniforme, et de la chaleur artificielle à laquelle il faut souvent recourir.

Toute cuve qu'on se dispose à employer doit être
préalablement visitée, lavée, imbibée, et même
rebattue aux cercles qui ont bougé; elle doit être
garnie à son avant d'un fort robinet qu'on place à
l'instant où l'on met la vendange : il est utile de
pratiquer sous le robinet un creux propre à recevoir
le tonneau lors du décuvage.

Avant de jeter la première vendange, on place
une fascine ou une sorte de gril devant l'ouverture
du robinet, afin d'empêcher les grappes et pepins
de passer dans le tonneau : si c'est une fascine, on
la met en éventail qu'on maintient avec un segment
de cercle cloué aux fond.

Il n'est point indifférent de remplir la cuve à un
juste point ; à moitié pleine, la fermentation, faute
de l'action immédiate de l'air extérieur, n'aurait
point assez d'énergie ; remplie à pleins bords, la
fermentation faisant élever le marc, le moût déverserait aussitôt ; il convient donc de ne remplir qu'à
cinq à six pouces du bord. Lorsque le chapeau s'en-
tretient bien et que la dilation est forte, on place
avec succès un rebord d'argile qui a l'avantage de
prévenir l'échappement du moût par les faux joints
des douves à leurs extrémités.

Revenant au mode pour remplir une cuve, nous
conseillons de faire usage d'un crible en mailles de
ficelles, assez grandes pour laisser passer les petites

grappes et les grains aglutinés : ce filet est tendu sur un cadre de madriers qui dépassent les bords de la cuve. Dans ce cas, deux hommes se placent vis-à-vis l'un de l'autre, armés chacun d'un râteau à plein bois; les fouleurs jettent les charges sur le filet; au fur et à mesure, les deux hommes attirent, écartent et frappent les grappes, qui passent à travers les mailles ; les plus grosses sont attirées sous la main et jetées dans un tonneau pour s'y égoutter.

Quand la cuve est au tiers pleine, on déplace le cadre du filet, et avec un grand bouloir on écarte le marc et on l'égalise dans le moût.

Plusieurs œnologues accusent la trop grande épaisseur du chapeau ou des œnes, de causer l'acescence et la dégénération du moût ; mais nous les prions de considérer que cette épaisseur n'est telle que pour les vins ordinaires, auxquels on laisse beaucoup de grappes pour former le chapeau. Le raisin commun d'ailleurs n'est pas fondant comme le raisin fin ; nous dirons plus : c'est qu'un chapeau très-chargé d'œne est nécessaire à ce moût pour conserver toute sa chaleur ; il est de règle, d'ailleurs, pour une telle vendange, de fouler, chaque vingt-quatre heures, jusqu'à la vinification.

Il y a conséquemment moins d'œne dans une cuve à vin fin ; 1°. parce qu'on réduit l'égrappage à son juste degré ; 2°. comme il y a plus de chaleur dans un tel moût, que dans l'autre, le moindre chapeau lui suffit; 3°. parce qu'un raisin très - mûr, d'une bonne côte, se foule et se refond plus facilement

en moût qu'un raisin commun qui a toujours de la
verdeur.

Faut-il chaque année couvrir la cuve ? c'est une
question toujours faite et non résolue, et à laquelle
l'appareil de mademoiselle Gervais vient d'ajouter un
nouvel intérêt ou des argumens nouveaux. Les uns
ne voient dans le contact de l'air extérieur qu'un
impitoyable acidificateur, et, sans respect pour sa
possession immémoriale et pour ses succès, ils lui
appliquent la clameur de haro. Selon eux, cet air
enlève à chaque cuvée la plus précieuse essence de
son vin ; les autres, se moquant de ces vaines crain-
tes, suivent ponctuellement les usages et les règles
qui ont fait jusqu'à présent les vins les plus généreux ; mais ce qu'il y a de plus sage à faire sur cette
question, c'est de se conduire, chaque année, en
raison de la maturité et de la température ; ainsi,
par exemple, il est inutile de couvrir une cuve
pleine qui se met promptement en pleine fermentation ; elle a assez de chaleur. Mais si la vendange
est peu mûre, si la température d'ailleurs a refroi-
di la vendange, il convient d'échauffer l'atmosphère
de la cuve, de couvrir la vendange avec un couvercle en bois, en paille ou en laine, afin d'exciter
plus promptement la chaleur, cause première d'une
bonne fermentation ; et, si la cuve reste muette encore, on place sous elle et à côté, des terrines plei-
nes de cendres chaudes, et on évite toutes les atteintes du froid ou du vent de l'extérieur.

Les modes varient pour couvrir : les uns forment

un fond mobile qui, au besoin, pourrait servir pour foncer les cuves dans une année d'abondance (1); les planches qui le composent, épaisses de deux pouces au moins, portent immédiatement sur le marc et s'élèvent avec lui; les interstices de ces planches suffisent à l'échappement du gaz carbonique. Dans plusieurs vignobles, on suspend un couvercle tressé en paille, qui se lève et se baisse au moyen d'une poulie fixée au plancher.

Avant d'aborder la grande question de fermentation sous la présence de l'air atmosphérique, nous allons donner quelques explications ou indications, 1°. sur le moût bouillant; 2°. sur le sucre; 3°. sur le miel, en addition à la vendange mise en cuve.

---

§ IV.

Du moût bouillant.

Ce n'est point à Maupin qu'on doit l'usage ou l'invention du moût bouillant dans la vendange; mais il y a attaché une si grande importance, et il a si long-temps et si fortement combattu pour cet usage, qu'il nommait sa découverte, que nous devons le rappeler et l'apprécier. Nous ne voulons pas contes-

---

(1) Voyez les figures, tom. IV, pag. 34.

ter à Maupin le mérite de son procédé, ni lui refuser même l'honneur de l'invention dans son
vignoble, car on peut facilement présumer que
des hommes intelligens aient imaginé de faire bouillir du jus de raisin vert ou sauvage, afin d'en adoucir l'âpreté ; quand à l'usage, il se perd dans les
siècles : Il était général en Grèce et en Afrique,
parce que pour le conserver il fallait le réduire et le
concentrer à un état sirupeux ou tellement concret,
que ce n'était que par l'eau qu'on pouvait faire du
vin. On a pratiqué aussi le moût bouillant dans le
midi de la France ; mais ce qu'il y a de singulier,
c'est que l'autorité y voyait une sorte de frelaterie :
des villageois du Languedoc furent condamnés,
en 1740, pour y avoir eu recours ; on voit même
qu'ils attendaient la nuit pour mettre leur moût
bouillant dans les cuves. Quoi qu'il en soit, ce mode
peut être utile dans les lieux où la vigne est cultivée
en dépit de Cérès et de Bacchus, comme à Triel et
à Poissy, par exemple ; il est de fait que le moût
bouillant un peu concentré adoucit l'acide des vins
très-communs, et qu'ils sont plus tôt potables : sous
ce rapport, c'est un bienfait, puisque ce vin ne
dure pas beaucoup plus d'un an.

Le moût bouillant doit provenir, autant que possible, *de raisins blancs* ; ou, si l'on a recours au raisin noir, il faut prendre garde qu'il n'ait été coloré
au foulage. On a remarqué que le moût, pris à une
cuvée de raisin noir, faisait plutôt aigrir le liquide ;
de rigueur, le moût doit être versé au fond de la

cuve et non sur la superficie du marc : on se sert
en conséquence d'un tuyau, ou de trois planchettes
qui forment un conduit en pointe. On place à la
partie inférieure un tampon de paille ou d'herbe,
retenu en dedans par une corde qui sort à l'autre
extrémité ; quand on touche le fond, on tire le tampon par la corde, on élève de trois à quatre pouces
le bas du tuyau au-dessus du fond de cuve ; on
place un entonnoir dans le tuyau, et on verse le
moût bouillant qui par ce moyen s'étend douce-
ment, réchauffe le moût entrepris déjà par un premier mouvement de fermentation naturelle, et
bientôt, la fermentation s'annonce plus vive et plus
générale. La proportion du moût bouillant ne doit
jamais excéder un dixième : ce vin d'ailleurs, reste
assujetti aux règles communes du foulage et de l'ar-
rosage du marc. Pour décuver, il faut que le moût
signale une odeur décidément vineuse.

§ V.

Du sucre.

Si le moût bouillant, par suite des longs tâton-
nemens dans les siècles, a été l'ouvrage de la simple pratique, il est bien certain du moins que le
sucre est celui de la théorie moderne. Dès que, par
les méthodes d'analyse chimique, on a pu spécifier

les substances principales d'un moût de cuve, et
qu'on y a reconnu la présence d'un muqueux sucré, on a jugé que les vins devaient être d'autant
plus spiritueux, qu'ils contenaient plus de quantités sucrées ; raisonnant par analogie, on en a in-
féré qu'en ajoutant du sucre au moût, on y ajoutait des qualités spiritueuses, et que par ce moyen
on pouvait faire d'un vin qui eût été commun et
plat, un vin généreux ; on s'est adonné à jeter du
sucre dans les cuves.

Dans les premiers temps, des apprentis en chimie et des charlatans même, profitant des indications de la science, ont eu recours à la fois au sucre et au moût bouillant, et ils ont en effet changé
la consistance ordinaire de certains vins nouveaux.
Plusieurs même en ont fait un secret (il n'y avait
pas alors de brevets) ; l'usage du sucre, et la croyance
commune que cette substance était très-favorable à
une bonne vinification, n'ont été que trop bien
établis par les expériences affirmées de MM. Maquer, Darcet, Bullion et Cadet-de-Vaux ; elles nous
donnent en outre au vrai la statistique de l'œnologie en 1776, et même en 1789.

La chimie, plus éclairée, a pu obtenir tout récem-
ment de l'alcohol et du gaz acide carbonique, par
du sucre ; on s'est cru autorisé, dès lors, à conclure
qu'on pourrait corriger un vin trop aqueux ou trop
acide en employant cette substance ; et, forçant encore cette conclusion, on a dit qu'une addition
d'eau-de-vie serait très-bonne pour donner de la

7

qualité au vin : nous croyons ces deux conséquences fort erronées.

L'alcohol obtenu par le sucre n'a pu l'être que par un moyen tout-à-fait étranger à l'œuvre de la nature; mais en supposant de l'identité dans l'alcohol de canne et celui du raisin, ce fait encore ne peut détruire le principe consacré par la chimie elle-même, que la fermentation consume et doit consumer, comme levain, le sucre naturel et artificiel, avant de passer à l'acide vineux.

Le moût bouillant avait déjà perdu infiniment de son crédit, quand on a tenté de faire du sucre de commerce, avec des raisins de vigne. Quelques savans et leurs disciples seraient un peu honteux aujourd'hui, si on leur rappelait leurs promesses, et surtout leurs succès de cristallisation, obtenus dans de petits creusets (1); un docte de Toulouse, dans son enthousiasme, proposait sérieusement, il y a dix ans, de faire arracher, par ordre d'état, tout

---

(1) Combien le sucre de raisin est déjà loin de nous! On fut extrême pour en ordonner, on fut extrême pour en faire; la cause au surplus en était belle; elle se rapportait à la patrie; ces essais ont fait ou révélé de très-bons chimistes; mais ce mode économique de saccharification est partout abandonné, même par le gouvernement, pour les hôpitaux; quoi qu'il en soit, nous recommandons aux mères de famille des pays vignobles de faire chaque année, sinon de la cassonade, du moins du sirop de raisin, dont l'emploi est utile et précieux dans les usages et les apprêts domestiques.

plant dont le raisin ne serait pas éminemment sucré; et ce qu'il y a de curieux, c'est qu'il croyait
faire acquérir ainsi à la France une grande masse de
richesse commerciale.

M. Cadet-de-Vaux a le moins cédé pour les effets
du sucre; il a manifesté une foi inébranlable; avec
un levain, du sucre et de l'eau, il faisait, à qui en
voulait, le meilleur vin de Bourgogne; il a même
considérablement fait gagner l'économie, puisqu'il
a réduit les quantités de 40, 25, 20 et 15 livres de
sucre par muid, à 10 livres.

Nous le disons à regret, car il est bien pénible
de faire observer que l'académie des sciences a
gardé le silence sur une question qui était si essentiellement de son ressort, et dont l'objet se rapporte à la richesse nationale et au meilleur régime
de vie : mais pour elle, comme pour les mission-
naires, les affaires du ciel sont exclusivement de sa
compétence.

Qu'est-il arrivé de cette insouciance ? C'est que les
propriétaires amateurs se sont livrés à des dépen-
ses frustratoires, quand tous les milliers de livres
de sucre qui eussent été employées dans les hôpitaux, où dans l'économie domestique, auraient
soulagé le pauvre ou multiplié les produits que le
sucre crée ou conserve; c'est que des demi-savans
et des charlatans, se rattachant à des expériences
abusives ou mensongères, ont induit en erreur les
personnes crédules, parce qu'elles ont cru à des certificats, comme si l'erreur ou l'imposture en avaient

jamais manqué. Qu'est-il arrivé encore ? C'est qu'un savant, renommé d'ailleurs, n'a pas craint de dire qu'en prenant du moût de sucre de canne à 17 degrés et de la lie de vin purgée de son acide, on obtenait un vin excellent et très-spiritueux.

Ce grand examen des effets ou de l'influence du sucre était d'autant plus digne de l'académie, que Lavoisier, le premier, avait jugé que le sucre seul ne fermentait pas, et qu'il fallait indispensablement du muqueux et de la fécule ; c'est à lui encore qu'on doit l'observation infiniment sage et vraie, de ne jeter le sucre dans un moût que lorsque la fermentation est dans sa première force.

Dandolo, que l'Europe vient de perdre, et qui, par ses communications, s'était rendu Français, a déclaré que le sucre en addition favorisait la fermentation, mais qu'il n'ajoutait rien à la partie spiritueuse, ni au parfum.

M. Chaptal ne convient pas tout-à-fait que le sucre seul ne fermente pas, mais que la fermentation est très-lente : ce n'est là qu'un *mezzo termine* peu digne d'un savant.

M. Thénard enfin a refusé positivement au sucre la cause de la fermentation vineuse.

Toute l'erreur, à ce qu'il nous semble, provient de ce que les uns ont supposé dans certains moûts l'absence de toute substance sucrée, quand les autres ont confondu le principe doux avec le principe sucré, et ceux-ci le principe sucré avec le sucre ;

aussi les disciples crédules qui se passionnent pour
certains patrons, ont perdu leurs cuvées pour avoir
jeté, après la fermentation, des quantités considé-
rables de sucre dans leurs cuves ; des fleurs blanches
ineffaçables ont attesté l'acidification ou la dégénération en acide. Dans toutes ces aberrations, il
convient véritablement de faire l'éloge du *bon
sens* du grand et respectable collége agronomique,
et de celui encore de nos simples agriculteurs, qui
n'ont pas donné dans la doctrine du sucre ; ils sa-
vaient fort bien, par la tradition de leur pères, que
le raisin le plus doux à manger, tel que le chasselas, ne vaut rien pour faire du bon vin ; un quin-
tal de sucre, en effet, dans un muid de moût de
ce raisin, ne ferait pas un vin meilleur ni plus du-
rable.

Dans la Basse-Bourgogne, ou cultive beaucoup ce
plant que Philippe-le-Hardi, par une ordonnance
de 1595, commandait d'arracher, et qu'il nommait *« le gamais, très-mauvais et déloyaux plants. »*
Ce gamais, cependant, y fait un vin incomparablement meilleur que le chasselas ; or, si le sucre le
bonifiait, comme on le dit, il ferait la fortune des
bas vignobles. Non-seulement les propriétaires n'en
mettent pas, parce qu'il est trop cher, mais si les
marchands de vin de Paris s'en doutaient, ils n'a-
chèteraient pas leurs vins ; il y a donc enfin dans
ce gros bon sens que l'expérience exerce et instruit
chaque année, un instinct de science positive que
chacun ne démontrerait point par le raisonne-

ment , mais qui vaut mieux et qui est plus solide
que l'ensemble de tous les argumens de la théorie
en faveur du sucre. Si encore la théorie s'emparait
de cette pratique, si elle éclairait sur les causes et
les circonstances , alors elle serait bien comprise ,
on la rechercherait , on la bénirait même ; mais
jusqu'à présent , elle s'est tenue aux antipodes de la
pratique.

Si le sucre est de quelque utilité dans le moût ,
ce ne peut être que parce qu'il ajoute à la masse du
levain ; c'est parce qu'en favorisant la fermentation,
il facilite et complète la décomposition ; mais une
fois consumé, la liqueur revient à sa consistance de
nature ; et d'ailleurs , est-il bien certain que la chaleur qui serait augmentée et soutenue dedans et hors
la cuve ne produirait pas une fermentation aussi
profitable que le sucre ? Mais est-il bien certain qu'il
y ait de l'identité dans tous les sucres ? C'est , il nous
semble , une question à juger ; et nous craignons
beaucoup que certains rapports d'analogie ou d'affinité sur le sucre en général , n'aient suggéré de
fausses applications.

Une simple supposition peut faire juger au vrai
la question du sucre : admettons qu'on ajoute à une
vendange défectueuse tout le sucre qu'il faudrait
pour lui imprimer une saveur sucrée , le vin , bien
certainement, n'en serait pas meilleur ; car c'est le
propre du feu de la fermentation de consumer tout
le sucre, comme levain ; cela est si juste et si vrai
que le moût reste doux tant que le sucre y domine,

et que ce goût devient acide et vineux à mesure que la substance sucrée s'amoindrit.

Un moût qui tient beaucoup de principe sucré, du muqueux doux, de la fécule, de la matière extractive, quand tous ces élémens lui sont donnés par une vigne d'âge fait et par un terrain de gravier calcaire et quand la maturité, sous un climat propice, a eu le temps de s'accomplir, quand la température a favorisé les premiers coups de feu portés aux raisins, un tel moût, disons-nous, si la vinification est bien entendue, doit donner un vin fin, généreux, avec de l'arome et un bouquet agréable, ce que tous les meilleurs sucres de la terre, réduits en principes essentiels ou en amalgames composés, *ne pourraient jamais lui donner*. Bien persuadés de cette vérité si hautement prouvée par l'expérience, puisque nos meilleurs vins se font *sans sucre*, nous n'hésitons pas à dire, sans prétendre être plus savans que les partisans du système : « que le sucre est une dépense inutile qui peut être nuisible au vin, et qui, dans tous les cas, devient une addition antiéconomique. »

Terminons ces réflexions sur le sucre, par des argumens de fait. Au temps de Maupin, de Rozier, de Maquer, de Bullion, Darcet, Cadet-de-Vaux et de tant d'autres, une foule de propriétaires, sur la foi de la science et des certificats, ont jeté du sucre dans leurs cuves pour rendre leur vin meilleur ; mais qu'on nomme un seul vignoble où l'usage du sucre soit généralement établi ; on ne peut ex-

cuser cet abandon du sucre par sa cherté ; car il eût
été facile, et il y aurait eu de l'économie à sacrifier
le prix d'un tonneau pour acheter du sucre, afin
d'en bonifier quinze, vingt à trente autres ; depuis
que le sucre est à bon marché (le sucre terré), on
n'en a pas repris davantage l'usage de sucrer le
moût ; si ce n'est quelques nouveaux - venus dans
l'œnologie , et qui bientôt feront comme tous les
autres , si toutefois ils comptent avec eux-mêmes ,
et comparativement avec les bénéfices de leurs voi-
sins. Nous ne croyons pas qu'il y ait en agronomie
de discussion qui autorise davantage une conséquence négative , relativement à l'emploi du sucre.

———

§ VI.

Du miel.

Nous ne reproduirons pas la vieille doctrine des
anciens ni celle du grand siècle sur l'emploi et les
effets du miel : notre point de départ d'ailleurs ne
remonte pas sur ce sujet au delà de 1750. Cependant nous dirons, pour l'instruction historique, que
le miel avait une grande vogue en Bourgogne, au
temps des premiers Césars : un tel vin même a été
admis dans la primitive église.

Rozier , malheureusement, a donné lui-même
en 1766 trop de crédit au miel , qu'il préférait au

sucre. Si on raisonne par analogie, on trouve dans le miel un mucose sucré, une substance plutôt animale (1) que végétale; et il est bien difficile de se rendre aux raisons données par cet agronome.

Le miel d'ailleurs est si rarement pur! Il faut être bien exercé dans la manipulation pour l'épurer; tout le monde sait que dans le petit commerce, on mêle des fécules avec le miel, afin de le faire peser davantage; il est trop rare que celui qui récolte du miel et qui l'épure, s'en serve à l'effet de bonifier son vin. Quoi qu'il en soit, s'il n'est pas *très-pur*, il doit nécessairement faire aigrir, ou du moins disposer à l'acescence. On a vu des mies de pain causer cet accident; que serait-ce donc si le miel dans sa ductilité comportait de la farine, qui est un des ingrédiens ordinaires?

En admettant au surplus que le miel puisse favoriser la fermentation, et rendre le vin même plus spiritueux, il nous semble que le doute seul de la non-pureté du miel, de laquelle Rozier fait une condition absolue, doit toujours faire abstenir d'employer le miel dans la vinification.

---

(1) Dans les attributions des sections de l'académie des sciences, les abeilles sont assignées aux vétérinaires.

---

§ VII.

DE LA FERMENTATION VINEUSE.

La fermentation vineuse est à la fois un phénomène et un art qui intéresse au plus haut degré le
régime de vie de toute la France, depuis le monarque jusqu'au simple et rustique paysan.

La physique avait un beau champ à exploiter pour
faire bien connaître les causes ou circonstances de
la fermentation ; il y avait également des choses
fort curieuses à révéler, pour connaître la marche
des progrès de l'esprit humain dans l'ordre des connaissances économiques et physiques ; l'érudition
même pouvait se créer une carrière nouvelle dans
les champs de l'antiquité, et nous apprendre siècle
par siècle, les faits et les époques où la fermentation vineuse avait commencé à s'établir ; mais cette
grande question , à laquelle se rattache la plus heureuse amélioration du régime diététique, n'a jamais
tenté nos savans ; ils ont constamment dirigé leurs
travaux et leurs études vers les autres mondes plané-
taires; ils ont mieux aimé en dire les révolutions et
les probabilités relatives ; ils ont enfin donné la préférence à la voie lactée, sur nos vins généreux et
si utiles d'ailleurs au bien-être de la patrie.

Il serait cependant digne des hautes sciences
physiques, de commencer l'examen d'une si grande

question physique, si essentiellement nationale par
ses intérêts généraux. Quelle est donc en effet, dans
la fermentation, la cause de cette tendance constante, plus ou moins vive, de toutes les substances
d'une vendange à se mettre en mouvement, à se
heurter, à se détruire ou s'absorber, et à combiner
ensuite dans le feu de leurs chocs une chose qui n'y
préexistait pas? Quels sont, dans les vendanges,
les élémens de ce calorique si puissant? les matières
du levain, les principes muqueux, extractif et sucré, par lesquels le vin se fait, et sans lesquels il ne
pourrait pas se faire.

Il ne peut échapper cependant à l'observateur
impartial, que de grands bienfaits résulteraient de
méthodes qui perfectionneraient notre vinification.
Une vérité dure se présente, et nous-mêmes, sacri-
fiant tout ici à l'utilité publique qui nous anime et
nous soutient, nous sommes forcés de dire que si
l'art de la vinification n'est pas du tout en rapport
avec la théorie, c'est que les ministres de l'intérieur, comme les Tourneur, François de Neufchâteau et les autres; c'est que les savans, tels que les
Maquer, les Duhamel, les Fourcroi et autres, ont
ignoré la culture si variée de nos vignobles, et la
fabrication pratique de la vinification. Pour le
prouver, deux fortes raisons s'élèvent en notre faveur: la première, c'est que nul d'entre eux ne s'en
est occupé selon toutes les réalités; la seconde,
c'est que les plus renommés dans la physique de
l'œnologie, et qui en ont traité, l'ont tous fait en

dépit de la science vraie et des pratiques effectives.
L'académie de Berlin a dit la cause avant nous : nous
croyons même l'avoir prouvée ; nous nous référons
donc à ce qui a été dit précédemment.

Dans l'état, le fisc, sous le perfide nom d'*aides*,
d'*octrois* et de *subvention*, a épié toutes les amélio-
rations, comme autant de proies ; dans la science,
affrontant l'œnologie pratique entière, on ne s'en
est occupé que pour des systèmes de ferment général, de sucreries et de métamorphoses de raisins
verts ou verjus en vins généreux. Faut-il donc s'é-
tonner que l'opinion elle-même se soit laissé éga-
rer, quand les hommes de l'état et de la science lui
donnaient de telles impulsions ?

Nous ne ferions pas précéder de ces reflexions
notre travail sur la fermentation vineuse, si nous
pouvions seulement entrevoir une meilleure direction prochaine en faveur de l'agriculture ; mais
comment s'en défendre, quand pour le sol de la
vigne, pour toute l'industrie économique, et pour
le commerce des vins, au dedans et au dehors, on
accable le tout d'impôts inconsidérés ? car il est de
fait que si la vigne ne produit rien pendant 2, 3,
4 à 5 ans (ces périodes ne sont pas rares), on n'en
perçoit pas moins l'impôt évalué sur la *totalité du
terrain*, et par un produit net annuel : Telle est la
maxime fondamentale du cadastre parcellaire.

Les savans des académies d'ailleurs ont un grand
tort, c'est qu'ils croient n'être instruits que pour
juger des choses ou des controverses sur des mé-

moires écrits, comme le font les juges des tribu-
naux; c'est qu'ils prétendent juger toute question
agronomique comme ils jugent des problèmes de
géométrie. Nos savans ont une patience infinie
pour observer des conjonctions dans le ciel, pour
évaluer les trajets de la lumière et des sons, et
ceux des masses; mais pour les choses d'utilité publique, ici-bas, ils laissent, sans aucun souci, dé-
raisonner les petits confrères, les charlatans faire
des dupes, et ils ne reprennent jamais aucune question, même physique, si de nouveaux mémoires ne
provoquent des examens; il semble, en vérité,
qu'un régime constitutionnel leur interdise toute
initiative : et, encore.... si on savait comment tout
cela se passe et se fait!!

En particularisant cette réflexion à l'œnologie,
il faudrait enfin qu'un homme fort, droit et franc,
comme M. Berthollet, s'exerçât sur des vendanges
diverses et de climats différens; nous osons presque l'y inviter au nom de l'agriculture même, et
n'eût-il que le temps, vu son âge, de signaler les
erreurs des Maquer, Darcet, Lavoisier, et de porter
un jugement sur l'appareil vinificateur Gervais, approuvé par M. Chaptal, il rendrait un grand service; il pourrait au moins laisser à nos successeurs
dans la science et dans l'agriculture, un point de départ qui forcerait à procéder méthodiquement.

Nous n'espérons pas, nous en faisons l'aveu, faire
changer l'ordre de choses établi; les circonstances
ne furent jamais moins favorables, car les savans,

à l'envi, désertent le sanctuaire des sciences pour se faire administrateurs, courtisans ou publicains; car les hommes de l'état se prennent, non au titre de leur instruction, mais au degré si éminemment mensonger ou fautif de l'opinion ou des partis : sur tous les points de la France, d'ailleurs, on ne rêve plus que finances, agio, tarif de rentes; et ce beau royaume, qui fut si éminemment agricole et commerçant, et qui pourrait le devenir encore, devient un état tout *financier* : comme si, dans le système des finances, la base de tout n'était pas d'une part le sol foncier cultivé, et de l'autre l'impôt en argent qu'on paye annuellement? Eh ! n'est-ce pas là tout le crédit de la rente?

Après avoir fait cette déclaration pure et loyale, qui ne pourra déplaire qu'à ceux qui vivent d'abus, et il y en a beaucoup, nous allons tâcher d'expliquer de notre mieux, sous le rapport pratique, les principes, la marche et les circonstances de la fermentation vineuse, à laquelle se rattache presque toute la vinification. Ce que nous allons dire, ne sera pas, sans doute, de règle universelle; mais nous nous flattons du moins, qu'on pourra partout faire de plus justes applications.

Nous avons déjà dit ce qui se rapporte à la vendange, au foulage, à l'égrappage, au moût bouillant, au sucre et au miel; nous allons donc considérer toute cuve prête à entrer en fermentation.

La première question qui se présente, est celle du contact et de l'influence de l'air atmosphérique sur la vendange ; elle prend même aujourd'hui un plus haut degré d'importance par les témoignages publics donnés à l'appareil vinificateur Gervais, sous lequel il y a soustraction absolue de cet air-là même.

Si la fermentation à l'air libre était une chose nouvelle, ou seulement une innovation avec des modifications, on pourrait provisoirement repousser le principe et ses modes ; mais la question de la fermentation à l'air libre est jugée par une longue et générale expérience ; et celle contraire est toute nouvelle, et sans l'accompagnement si nécessaire de l'expérience des œnologues.

Pour faire valoir et accréditer le mode nouveau, on a reproduit des expériences de cabinet ; on a fait considérer la déperdition de l'alcohol, de l'arome et du bouquet, comme une suite nécessaire de l'exposition du marc et du moût à l'air extérieur ; on a regardé cet air comme le grand acidificateur ou désorganisateur. Quelques hommes de mérite, d'ailleurs, ont été fort enclins à penser qu'il y avait déperdition sous l'ancien mode, et c'est dans cette opinion qu'ils ont accueilli le mode contraire et qu'ils ont fait des expériences comparées. Renchérissant sur tous, M. Gervais a prétendu que le mode vulgaire était la cause de plusieurs maux ou maladies, et celle de tous les vins *grossiers* qu'on fait.

Puisqu'il faut en venir à justifier un usage si fortement établi, nous ferons observer que Rozier, dont le témoignage en physique sera toujours digne de respect et d'attention, a déclaré dans son chap. 1, qu'il n'y a point de fermentation vineuse sans le concours de l'air atmosphérique.

Lavoisier, trop Parisien aussi, ou trop académique, avait entrepris de juger la question de fermentation vineuse, qui, de son temps, occupait beaucoup les savans de l'Italie, et même de l'Angleterre (pour la bière) qui alors, en général, empruntaient des savans français le texte de leurs questions sur l'économie rurale et politique.

L'expérience de Lavoisier par un moût artificiel, et le calcul de ses résultats, obtenus sous des vases de verre, n'éclairent pas suffisamment la question; mais ils servent du moins à contredire les affirmatives des grandes déperditions de gaz et d'alcohol, puisque sur un moût de 510 livres, l'acide carbonique n'a entraîné que 13 livres d'eau, ce qui met en défaut déjà les quantités de 15, 40 à 50 pour 100 attribuées à l'appareil nouveau.

M. Déyeux, dont nous honorons la science et la bonne foi, trop prévenu par des expériences de cabinet, avait incliné d'abord aussi pour la fermentation à cuve close; il semblait croire à une déperdition considérable d'arome et d'alcohol : pressé par de forts argumens contraires, il avait proposé une fermeture à demi; il avait aussi l'opinion qu'une fermentation *plus lente* donnait un meilleur vin.

Fabroni, qui a joui de beaucoup de réputation en France, a plutôt traité la fermentation des raisins de l'Italie, que de ceux de la France; on ne l'entendrait plus aujourd'hui : il parlait la vieille langue du phlogistique.

Fourcroy essaya de faire valoir la doctrine de Lavoisier ; mais au fond, on voit plutôt dans ce qu'il dit un hommage rendu à la mémoire de cette victime révolutionnaire, qu'une discussion de physique. Fourcroy, d'ailleurs, en sa qualité de Parisien immobile, était tout-à-fait étranger aux œuvres d'agronomie des provinces.

M. Thénard a regardé la fermentation vineuse comme un phénomène inconnu et comme un écueil du chimiste.

M. Gay-Lussac, dont les pensées sont d'accord souvent avec celles du savant d'Arcueil, n'hésite pas à regarder comme nécessaire l'influence immédiate de l'air atmosphérique.

Nous n'en faisons aucun doute nous-mêmes, et provisoirement, comme agronomes, nous en faisons un *principe*.

A ce premier principe se rattache une autre question qui n'est pas moins importante, et qui dérive essentiellement de celle de l'air extérieur : il s'agit de l'utilité du chapeau.

Rozier, on peut le dire, a *démontré la nécessité* de former un amas de grains de raisins, de grappes, de pellicules, au-dessus du moût, ce qu'on nomme en France *le chapeau*, et en Italie, *il capello* (Dandolo) : il en fait dépendre l'accélération de la fermentation, la conservation du spiritueux et de l'arome. Pour plus de succès dans les effets du chapeau, il veut : 1°. qu'on égrène avant de fouler ; 2°. que la cuve soit plus étroite vers le haut, que par le bas ; il ne s'oppose pas, néanmoins, à ce que dans les années froides, on ne couvre la cuve par divers moyens, qui n'ont au surplus pour but que de prévenir l'évaporation de la chaleur que recèle la masse en fermentation.

Nous empruntons ici de M. Delavau, une observation toute nouvelle et parfaitement juste, sur l'ascension des globules qui naissent et se développent sur les angles, et qui entraînent dans la partie supérieure de la cuve, les pellicules, le ferment et les parties solides, auxquelles ces globules s'attachent ; il dit : « Cette propriété qu'ont les angles de favoriser l'émission et le dégagement des fluides aériformes, est admirable ; car, le même liquide sucré, ou le même moût, placé dans un vase de bois ou de verre, rempli au fond d'aspérités, ou troublé par des corps insolubles totalement étrangers, qui ne sont pour rien dans l'acte de la fermentation, comme, par exemple, du gravier siliceux très-propre, ce liquide ou ce moût, disons-nous, fermente bien plus rapidement que s'il était placé dans un vase uni. Cette propriété n'a pas été assez étudiée : elle peut fournir à la science des progrès utiles. »

Aux deux questions sur l'air atmosphérique et sur le chapeau, il s'en joint une troisième qui est plus du ressort de la physique.

Y a-t-il, nonobstant le chapeau, une déperdition considérable ?

M. Chaptal prétend que le gaz acide carbonique « déplace l'air atmosphérique, et qu'il se déverse par le bas à raison de sa *pesanteur* : » ce mot est précieux pour la discussion ; car, c'est faire l'aveu que le gaz acide carbonique est plus *lourd*, que l'air atmosphérique.

Rozier, que M. Chaptal ne récuserait pas sans doute, a déclaré positivement : « que l'air fixe est plus pesant que l'air atmosphérique. » « Tous les physiciens, ajoute Rozier, savent que l'air fixe est spécifiquement plus pesant que l'autre. » La superficie de la cuve en fermentation est donc toujours garantie du contact ou de l'action de l'air.

On ne peut dire sans doute qu'il ne se fait pas d'évaporation ; mais en même temps on peut affirmer que la fermentation produit toujours assez d'acide carbonique, pour contrebalancer les effets de l'air et pour achever la période, vineuse sans acescence.

M. Chaptal nous paraît surtout frappé de la déperdition de l'alcohol. Pour insister autant, il faudrait au moins donner des preuves ; mais n'aurait-il donc jamais vu, examiné et sondé un chapeau de vendange bien composé ? C'est ordinairement un aggrégat de toutes les parties solides d'une vendange, formé d'abord par les premiers mouvemens de la fermentation ; chaque grain, pellicule, grappe et grappille, monte, se place, se serre, et si étroitement que la masse est compacte et capable de sup-

porter un très-grand poids (1) ; il faudrait, pour en
bien juger, se donner la peine d'enfoncer un bouloir dans le marc ; on y verrait aussitôt la preuve de
la compacité du chapeau, de la conservation de la
chaleur, et celle du spiritueux de la liqueur.

On ne peut mieux comparer le chapeau, sa con-
texture et ses effets, qu'à une couche épaisse de
neige sous laquelle la terre conserve sa chaleur et
les plantes végètent, surtout le blé ; le froid le plus
aigu et le vent le plus violent ne peuvent y pénétrer.

Il est si vrai que le chapeau conserve toute la
chaleur de la cuvée, que si on enfonce un bâton
dans le moût, il en sort, quand on le retire, une
bouffée de chaleur très-sensible. Il faut donc ad-
mirer un tel travail et de tels effets de la nature, et
que l'art ne pourrait jamais imiter ; il convient donc
à l'homme sage qui observe et qui ne peut comprendre le mécanisme d'un tel phénomène, de s'humi-
lier et de profiter du bienfait ; mais il ne convient
pas à des hommes qui ne peuvent ni l'expliquer ni
faire mieux, d'annoncer des effets tout contraires à
ceux que l'expérience confirme si hautement et depuis si long-temps.

---

(1) Il y a 10 ans que le fils d'un avocat célèbre de Paris,
âgé d'environ 12 ans, s'élança sur le marc d'une cuve contenant 10 pièces environ, pour aller joindre un petit camarade ;
ce marc le supporta très-bien, et il arriva à l'extrémité opposée. Ce fait s'est passé en Bourgogne.

Nous croyons aussi qu'il y a évaporation de gaz ; car, en principe physique, toute matière, même compacte, est poreuse. Mais peut-on dire qu'il y ait déperdition d'alcohol? nous ne le croyons pas du tout (bien entendu pendant la fermentation vive). Est-on bien fondé même à regretter le gaz qui s'évapore? l'appareil Gervais est loin de le prouver (1).

S'il y avait déperdition, on en verrait des traces dans les celliers ou vendangeoirs qui sont bas de plancher ; on en verrait dans les couvercles bombés de Champagne : mais toutes les surfaces au-dessus des cuves sont sèches, ou du moins sans autre humide au plancher, que celui de l'air ambiant. Quelle grande déperdition offrent donc les récipiens de l'acide carbonique sous l'appareil? En a-t-on tiré de l'alcohol, du vin coloré, du vinaigre même?

M. Gervais a embrassé le texte Chaptal, comme le lierre embrasse le chêne ; il ne le quitte pas et il en fait toute la vie de son système ; il dit : « Par la méthode vulgaire les principes en esprit, en gaz et en parfums *s'évaporent*; ils sont *conservés* par l'appareil. » Pag. 56.

Le propriétaire, en adoptant l'appareil, « *augmentera* son revenu de quarante à cinquante pour cent. » Pag. 89.

Ainsi donc, parce que M. Chaptal aura présumé possible de combiner la fermentation de manière

---

(1) Voyez l'ouvrage de M. Delavau.

qu'on éviterait la déperdition de l'alcohol, et qu'on la forcerait d'être lente, M. Gervais, sur la présomption de M. Chaptal que ce serait *le complément de la vinification*, a bâti lui-même un système nouveau que M. Chaptal a eu l'imprudence de louer avant de l'avoir mis en expérience.

Il nous reste un dernier argument à faire valoir contre l'extrême déperdition, contre l'acidité, contre la putréfaction : c'est que si les effets étaient tels que M. Chaptal les suppose et que M. Gervais les affirme, il y aurait eu des vendanges perdues à l'infini ; c'est que même une bonne vinification serait impossible. Or, cependant il y a long-temps que les lots des bons vins sont connus et renommés, que les plus bas vignobles font du vin bon à boire, et que jamais ils n'éprouvent les dangers qu'on signale si communs par les méthodes vulgaires.

M. Chaptal et tous ceux qui inclinent pour une fermentation à cuve close, redoutent les effets d'une fermentation trop vive ou trop tumultueuse ; c'est, à notre avis, se plaindre d'un grand bien ; car s'il y a déperdition réelle dans la manière ordinaire, une bonne vinification est impossible, partout au moins où la cuvaison dure long-temps ; mais si, avec la manière ancienne, on a fait jusqu'à présent des vins bons, généreux, exquis, il n'y a donc pas de déperdition de gaz alcoholique, d'arome et de bouquet. Or, il est prouvé par le fait de très-bons vins, qu'il n'y a pas de déperdition, alors que la fermentation est vive et même tumultueuse, ainsi qu'elle se passe dans tous les vignobles renommés.

Dans une telle fermentation, en effet, il y a chaleur, chocs vifs, pénétrations soudaines dans toutes les substances, et la création du vin sort plus vite de ce foyer concentré.

M. Rozier a dit qu'une fermentation vive gazéifie et facilite les combinaisons des principes essentiels.

M. Dandolo a établi en principe qu'un vin est bon, médiocre, ou mauvais, selon que la fermentation a été vive, modérée ou lente ; heureuses ainsi donc les cuvées dont la fermentation au contraire est vive et tumultueuse ; et, s'il y avait jamais un ingrédient qui la rendit telle, chaque année il faudrait honorer et récompenser l'auteur d'un tel bienfait (1).

La fermentation sans doute a ses principes généraux ; mais pour l'homme exercé elle est chaque année une étude nouvelle ; les inégalités de maturité, les contrariétés de la température, le plus ou le moins de raisins noirs et de blancs, et le temps de la vendange, commandent des modifications qu'il faut savoir assortir. Il faut bien se pénétrer enfin d'une grande vérité œnologique, c'est que ce n'est ni par des procédés, ni par des appareils, ni par des

---

(1) M. de Courtivron nous a dit que dans le département de l'Oise, « la fermentation est quelquefois huit jours à s'établir. » C'est pour un tel vin que le chapeau doit avoir une grande épaisseur.

compositions, ni par des secours chimiques, qu'on peut rendre le vin généreux et avec un bouquet délicat ; il n'y a que la nature et l'année qui puissent opérer ce prodige. On a fait le vin en 1802 comme en 1799, mais le peu qu'on a fait en 1802 s'est trouvé délicieux en comparaison de celui de 1799. On a fait le vin en 1811 comme en 1809 ; mais l'année de la comète a nectarisé tous les vins tant soit peu généreux : elle fait proverbe aujourd'hui.

Nous avons lu avec surprise et même avec peine, dans la lettre de M. Chaptal, datée d'Amboise en 1820, et adressée à mademoiselle Gervais : « qu'on pourrait sans crainte laisser *clarifier le vin dans la cuve, et y subir une fermentation insensible.* » Nous aimons à penser qu'en s'expliquant ainsi, M. Chaptal aura voulu seulement faire un compliment agréable à mademoiselle Gervais.

Il nous reste à traiter la question la plus délicate de toute l'œnologie, celle du *décuvage* ; car c'est d'un instant à saisir que dépend le sort ou la perfection possible du vin. Tel, dans les raffineries, la cristallisation n'a qu'un instant ; tel, dans les clarifications chimiques et domestiques, il faut savoir juger l'indication précise ; tel enfin, dans l'art de la teinture, de l'excès d'un sel, d'une substance colorante un peu altérée, d'une macération de certains végétaux, d'une ébullition trop prolongée ou trop tôt arrêtée, ressort un teint faux ou blafard.

La science malheureusement, en intervenant dans la vinification, s'est abusée elle-même ; elle a trop généralisé l'application de certains instrumens indicateurs, du thermomètre, de l'œnomètre, du gleucomètre, de l'aéromètre, et qui sont presque tous, au moins fautifs. Les savans ont pensé que, parce que des instrumens bien armés et composés, indiquaient au juste des degrés de chaleur ou d'esprit ardent dans une masse homogène liquide, ils trouveraient la même exactitude dans une masse livrée à un feu violent, concentré et tumultueux, et dont les élémens hétérogènes tendent par le calorique même à se détruire, à se combiner, et à faire une liqueur qui n'existe pas dans le moût. Ils n'ont pas fait attention à toutes les irrégularités, à toutes les anomalies qu'offre et subit un moût qui, une fois entrepris par la fermentation, n'est jamais deux minutes avec la même pesanteur; s'ils avaient observé les choses sur le fait, ils auraient reconnu des différences dans la pesanteur des moûts, composés, les uns de raisins noirs, les autres de raisins blancs, ou diversement exposés pour la maturité; ils auraient reconnu qu'en changeant l'œnomètre de place dans le même cellier et dans la même cuve, les signes variaient.

Ce n'est point avec ces instrumens qu'on juge de l'instant précis de la cristallisation; dans les raffineries le maître-chef le juge au doigté, à la goutte sur l'ongle, ou sur un vase rond de faïence; il le juge au ton de la couleur du liquide, à son bouillonnement et il ne se trompe jamais. Un savant se brûlerait à faire l'épreuve du doigt, et il se blouserait infailliblement à ne consulter que son œnomètre ou aéromètre, *artem experientia facit*. Nous éliminons donc en toute sûreté ces instrumens, parce qu'ils sont trop fautifs dans les applications.

Un signe est généralement accrédité, celui de l'abaissement du chapeau; c'est bien un signe en effet que la fermentation s'apaise, et qu'il est instant d'en juger les effets; mais c'est encore une fausse et dangereuse indication. Tirera-t-on le vin à ce signe? mais vous assure-t-il qu'il ne reste pas encore trop de principe sucré, dont l'esprit ardent doit s'emparer? Assure-t-il que la partie colorante a suffisamment subi sa décomposition et qu'elle s'est mêlée dans de justes proportions avec la liqueur? non sans doute. Mais à quel moyen recourir donc? Au plongement d'un bâton ou du bras à travers le marc et jusqu'à la liqueur? Ces moyens sont encore trop fautifs et sujets à des illusions de sens. Nous ne voyons qu'un moyen sûr; c'est d'observer sans cesse, le jour et la nuit, une cuve en fermentation, et, comme disait Rozier, il faut la veiller comme du lait sur le feu.

Dès que la fermentation est à son maximum, il faut commencer par tirer de la liqueur par un fausset placé au centre; on la trouve d'abord douceâtre; une ou deux heures après on en tire encore, elle est toujours douceâtre; on habitue ainsi le palais à cette impression sucrée, qui sert à faire mieux juger de la première impression vineuse qui surviendra et de ses progrès; si le doux sucré s'efface un peu, si les pointes acidules frappent les houpes nerveuses du palais, il faut dès lors se tenir sur ses gardes et faire tout préparer.

Mais deux questions importantes et préalables s'offrent encore; avant de décuver, foulera-t-on le marc dans le liquide, et tirera-t-on de la cuve une certaine quantité pour arroser le marc?

En refoulant le marc (1), on trouve l'avantage, 1°. de faire remettre toute la cuvée en grande et nouvelle fermentation, et d'y faire participer des substances non encore saisies; 2°. de donner un ton de couleur plus décidé au vin, par le trempement des pellicules restées dans le chapeau; 3°. de rafraîchir tout le marc et de prévenir toute atteinte d'acescence pendant le décuvage quelquefois trop prolongé. En l'arrosant d'autre part avec une portion du liquide inférieur, on combine de nouveau les gaz et les principes inhérens au marc, et ce liquide encore entraîne avec lui une plus grande portion de parties colorantes.

Ces deux moyens ne sont pas d'invention systématique, ils sont de fait dans la plus grande partie de la Bourgogne; c'est ainsi, au surplus, que l'un de nous, de l'avis *seniorum*, a traité la vendange du clos

---

(1) Dans plusieurs grands vignobles de la Bourgogne, où il n'y a pas de couvercles mobiles, comme celui que nous avons figuré au tom. 4 de ce Cours, on est dans l'usage de fouler la cuve chaque 24 heures, et toujours de règle, quelques heures avant le décuvage.

de Migraine ; les raisons déjà données démontrent assez le but de l'utilité de cette pratique pour une bonne vinification.

Le décuvage se règle ordinairement en raison de la destination du vin. S'agit-il d'un vin renommé par son bouquet, par le velouté de sa liqueur, par une limpidité simplement vermeille : il faut tirer la cuve immédiatement après son signe de vinosité. S'agit-il d'un vin dont l'esprit ardent est plus lent à se concentrer, qui a besoin de prendre du corps et de la couleur, afin de pouvoir soutenir des trajets et durer long-temps : il faut donner plus de cuve ; le goût et l'œil encore servent bien pour ces différences.

Il y a des vins qui doivent être soumis à une longue fermentation ; mais si on faisait l'application du mode de ces vignobles, de Bordeaux par exemple, aux vins de la Romanée et du clos Vougeot, etc., leurs belles qualités s'évanouiraient, tant il est vrai que la suprême science en vinification, c'est l'expérience.

Il y a des modes divers pour décuver ; les uns écartent le marc avec un râteau de fer, et forment au centre de la cuve une fontaine dans laquelle on puise le vin ; ce mode est mauvais, il trouble et confond tout ; il est même dangereux pour le décuveur ; les autres, et c'est le plus grand nombre, tirent par une forte cannelle ou robinet ; c'est le meilleur mode, quand le tonneau surtout est placé sous le robinet même.

Ceux qui observent bien ont reconnu que le premier tonneau et le dernier valaient moins en qualités fines que ceux du centre de la cuve : ceux qui douteraient peuvent s'en assurer ; et nous osons croire que les propriétaires de vins fins nous sauront gré de l'observation, s'ils ne l'ont pas déjà faite.

Le transport du vin de la cuve se fait souvent à l'air libre et à de longues distances ; dans le trajet, le vin perd de ses esprits ; l'impression de l'air, pendant qu'il est chaud encore, peut altérer la couleur ; la température enfin peut devenir dans cet instant même plus froide ou contraire ; on ôte ainsi au vin un de ses premiers perfectionnemens, celui que donne une fermentation insensible dans le tonneau. Nous proposons donc, ainsi que l'un de nous le pratiquait pour un des vins les plus délicats de la Bourgogne, de faire toujours placer le tonneau sous le robinet de la cuve ; dans ce cas, on charge le tonneau sur un traîneau à bras, et on le met ensuite de file sur les chantiers du cellier ; car le vin nouveau ne doit jamais descendre en cave qu'après le soutirage.

§ VIII.

De la fermentation insensible.

Il s'établit dans le fait, et il doit nécessairement s'établir une fermentation nouvelle dans le tonneau, ce qui prouve déjà qu'il ne faut pas attendre l'abaissement total du marc ou la fin de la fermentation pour tirer le vin ; ce qui prouve encore que le vin peut être fait alors que la cuve fermente vivement.

La fermentation dans le tonneau est le premier perfectionnement du vin : elle est indispensable ; il faut donc qu'il y ait dans la liqueur un ferment de mouvement, mais ce mouvement ne peut avoir lieu que par un reste de chaleur; elle est telle en Bourgogne, et surtout pour les vins généreux, que si la liqueur monte, écume et jette ses scories par le bondon, elle se déverserait en grande partie si on ne veillait pas à en tenir le niveau à trois doigts de la velte du bondon. C'est par ce second travail que le vin se dépouille du tartre encore soluble , qu'il dépose sa lie sur toutes le parois du bois qui , étant neuf, l'absorbe plus entièrement ; c'est là enfin que le vin se crée à lui-même une robe ou enveloppe qui le garantit davantage des impressions de l'air; cette robe , issue de lui-même, le fait durer

plus long-temps ; cela est si vrai, qu'un vin fin de
Bourgogne qu'on ferait passer de son tonneau propre , dans un de fraîche lie du Rhin, de Bordeaux ,
de Madère ou d'eau-de-vie , perdrait , par ce fait
seul , de sa qualité.

Revenant au marc laissé dans la cuve , nous recommandons de ne pas perdre de temps pour le
mettre sur le pressoir ; dans l'impossibilité de le
faire , il faudrait au moins de deux heures en deux
heures le remuer à la pelle dans toutes ses parties.

Le vin qui en sort n'est point à dédaigner ; il doit
même suivre la première cuvée ; ainsi , lorsque la
mère-goutte n'a qu'une teinte vermeille et qu'il me-
nace de pâlir encore , il faut y verser, en proportion relative, du vin de pressurage, ce qui le forti-
fiera.

Il y a du choix à faire également pour le vin de
pressurage ; les deux premières serres doivent seu-
les être mises en réserve pour ouiller les tonneaux
de première cuvée ; si la mère-goutte n'a pas besoin
ni de couleur ni de fortifiant, le vin de pressoir
adouci par du vin de première cuvée , ou par du
vin blanc, s'il est trop chargé en couleur , fait toujours un bon vin ; il exige au moins deux soutira-
ges , et il peut durer plus long-temps que l'autre.
Toutes ces précautions indiquent assez déjà combien sont vaines ou fausses les objections et les
alarmes données sur l'acescence du marc soumis à
l'action de l'air.

§ IX.

Du vin blanc.

Nos œnologues en chef et leurs successeurs se sont fort peu occupés en général de la vinification par le raisin blanc ; nous en dirons peu de chose nous-mêmes, car les modes et les soins sont faciles et d'ailleurs bien connus.

La vendange néanmoins doit être faite avec plus de soins que de coutume ; pour le raisin blanc encore, nous proposons deux vendanges, ou du moins deux cueillettes : chaque année, c'est un examen nouveau ; la vendange est-elle très-mûre, l'immaturité de quelques grappes, loin de nuire, fera du bien ; il suffit alors de proscrire les raisins verjus, secs et pouris ; mais si la maturité est imparfaite, il faut des précautions d'un grand détail : 1°. faire un triage de grappes et de cépages ; 2°. recommander de laisser peu de queue aux grappes ; 3°. laisser exposer quelque temps les raisins au soleil ; 4°. ne prendre pour première cuvée que les deux premières serres, car à la troisième, quatrième ou cinquième, les grappes, leurs queues et les grains verjus, jetteraient trop d'acide dans le vin.

Nous avons eu tort de ne pas faire mention de l'égrappage, car il y a des propriétaires encore assez peu réfléchis pour faire égrapper à la manière

du raisin rouge ; c'est un moyen sûr d'ôter au vin
son spiritueux et sa durée.

Il y a des vins blancs célèbres : on ne peut que sou-
haiter d'en voir continuer l'usage et la vente ; d'autres, encore communs, peuvent être perfectionnés ;
et à cet égard nous ferons observer, ce qu'on
ignore trop, que les vins blancs aussi sont d'autant meilleurs que le cépage est vieux ; c'est un
point d'œnologie que le vigneron partout élude,
ou combat en faveur de l'abondance qu'il préfère
à la qualité, et qu'il trouve plus sûrement dans les
jeunes ceps.

On ne sait point encore assez dans l'économie
politique, ni dans l'administration, que les quatre
cinquièmes au moins des vins *blancs* ne sont pas
consommés *tels* sur les tables ; il y a de nombreux
et vastes vignobles qui ne font de vins blancs que
pour le commerce, qui teint ou rougit ces vins avec
du vin rouge éminemment coloré. Nos chimistes
renommés ne s'en acquitteraient pas aussi bien que
les vieux marchands de vin des Carrières et de
Bercy.

Nos meilleurs docteurs en médecine n'oseraient
pas affirmer que des vins ainsi mélangés seraient à
la longue une boisson salubre ; ils déclareraient infailliblement que le meilleur vin, pour l'esprit et
le corps, est celui qui, après avoir subi une fermentation régulière dans la cuve, une seconde
dans le tonneau, qui, après avoir été soutiré et bien
dépouillé de sa lie, est consommé à sa 3ᵉ. ou 4ᵉ.

feuille : l'oracle d'Apollon ne pourrait mieux dire.

Un tel mélange sans doute n'est pas une sophistication condamnable, comme ceux qu'on fait avec des graines des tournesol, avec des copeaux de bois de Campêche; mais ces docteurs diraient infailliblement que de tels vins coupés sont plus capiteux, moins substantiels et moins propres à une bonne digestion, et qu'il peut en résulter des atteintes sur les nerfs.

Cependant, le bon Parisien, qui ne s'inquiète pas plus de savoir comment viennent les blés, les vins et les fruits, que de vérifier les probabilités de M. Delaplace, ou le système de polarisation de M. Biot, fait chaque année, et le plus méthodique dans le même mois, sa provision de vin de Mâcon, auquel il s'est voué, comme l'avaient fait ses pères. En vain les vignes gèlent et coulent dans le Mâconnais et le Beaujolais; en vain le canal du Centre et la Loire n'ont plus d'eau pour la navigation; en vain le canal de Briare, qui gèle de peur, vaque quatre ou cinq mois de l'année, et ne fournit plus la capitale de son vin habituel et chéri, le consommateur ne s'aperçoit jamais d'aucune intempérie, des gelées, des vers, des urbecs, des écrivains (1) : il a toujours et à volonté de l'excellent Mâcon; et, ce qui est plus fort, toujours au même prix; il n'a pas

---

(1) En Bourgogne, on nomme ainsi l'insecte qui, en dévorant le parenchyme de la feuille, laisse des traces qui ressemblent à des lignes d'écriture.

même la peine d'aller en commande, on le pré-
vient, et, la jauge d'usage, à jour fixe, descend à
domicile.

Cet ordre de choses est si bien établi, que le
premier propriétaire de vignes qui s'avise de dire
à Paris : « Les vignes vont mal, la gelée a gâté le che-
velu ; la fleur ne peut s'épanouir ; il y a de la cou-
lure ; le ver s'y met, » est aussitôt regardé comme
un Josse, ou tout au moins comme un alarmiste.
Faut-il s'étonner du peu d'intérêt qu'on prend à
l'agriculture à Paris, quand on n'y manque de rien,
ni de pain ni de vin, et quand chaque année,
même avant les saisons, on y voit reparaître les
primeurs ? Aussi, Paris est la ville des optimistes.

Mais enfin, nous diront peut-être des pères de
famille que des circonstances forceront de recourir
à ces vins, ces vins coupés sont-ils bons ? Oui, sans
doute ; ils sont même agréables, ils sont encore
économiques, car ils portent bien l'eau ; ils sont
tels enfin, ces vins coupés, qu'on s'accoutumerait
difficilement à un autre vin qui serait pur et du vrai
crû de Mâcon, lequel serait alors infailliblement ou
trop bon, ou trop délicat ; ce vin coupé est plus
vif, il réveille ; on se plaît même à en boire ; c'est
ce vin, mais bien autrement coupé, qui abreuve le
peuple dans les guinguettes hors de Paris : il aime
ce vin, parce qu'il flatte et pique son palais, parce
qu'il lui porte promptement de la chaleur dans l'estomac, parce qu'il lui fait plus tôt oublier ses cha-
grins, parce qu'il l'enivre ; ce bon peuple de Paris

enfin, ne changerait pas un tel vin de 6 à 8 sous le litre, pour du vin vieux de Chambertin ou de la Romanée qui ne dirait rien du tout à son palais, à son estomac, ni à sa tête.

----

§ X.

De l'art de couper les vendanges et les vins.

Nous devons un article à cette opération économique qui est bien, dans toute la force du mot, *un art;* nos lecteurs vont en juger.

Le premier degré de cet art, que l'expérience œnologique a seule pu faire, c'est le mélange ou l'assortiment de raisins de différens cépages, de différens terrains, sites ou expositions. Cette première leçon nous a été donnée par les hommes du clergé, qui eux-mêmes l'avaient reçue du hasard; ainsi, après avoir reconnu, que des vins de dîmes étaient infiniment meilleurs que ceux des clos ou des bons vignobles du pays, on en est venu à l'idée que des raisins bien choisis, dans des vignes d'un sol différent, pourraient donner aussi un meilleur vin; tel, les bernardins et les bénédictins s'en étaient fait un principe qui a peut-être valu à l'ordre de Citeaux la gloire d'avoir possédé le premier vin du monde; il suffirait peut-être encore de reprendre ces mêmes erremens, mais il faudrait avoir le courage de laisser vieillir les ceps des clos fameux et des bonnes côtes, sans y mettre aucun engrais ou terre nouvelle ; c'est par ce moyen que Haut-Viller en Champagne, avait les meilleurs vins , et que la côte de Reims a pris un premier rang pour ses vins ; voici enfin , au surplus , deux exemples.

Il est reçu en Provence que le meilleur vin est celui qui , en vendange , est composé des raisins *brunfourcat, iris* et *morvède* , dont les saveurs sont essentiellement différentes.

Dans la basse Bourgogne , les bénédictins faisaient leur vin célèbre de la Chenette , 1°. avec du raisin de ce clos , situé à quelques toises de la rivière ; 2°. avec du raisin du vignoble d'Irancy , situé à trois lieues de la Chenette ; 3°. avec les vendanges d'élite de la grande côte , éloignée d'un quart de lieue de la Chenette : voilà un de ces faits que l'auteur de l'article peut garantir.

L'assortiment des raisins est sans doute le plus sûr moyen de bien mêler et confondre les sèves diverses ; mais il y a des propriétaires qui attendent que le vin nouveau de chaque vigne soit fait , pour se déterminer ensuite à faire les proportions du mélange , d'un vin resté doux et délicat , avec un vin austère et corsé , et ils choisissent le temps de la fermentation insensible pour ouiller les uns par les autres.

D'autres préfèrent ne couper qu'après le soutirage ; le goût est plus fait , la robe a son ton de couleur décidé, on connaît mieux enfin la tendance

commune du vin de l'année. Nos lecteurs sont priés
de bien remarquer, que tout le mérite, tout
l'art de cette opération, peu connue en général,
consiste à faire de justes proportions du raisin crû
dans un sol fort et calcaire, sablonneux et léger, et
de ceux qu'aura produits un sol d'une nature opposée.
Cette tâche ou cette manipulation intéresse beaucoup
le propriétaire ; mais pour les vins, combien elle
occupe davantage le commerce ! Des savans et des
chimistes peut-être, jugent que tout vin blanc est
identique, au moins pour la couleur, et que tous
sont propres à être coupés avec du vin rouge, mais
il n'en est point ainsi ; le commerce a ses vignobles
et ses cantons renommés pour les vins blancs destinés à cet emploi spécial ; il a de même ses vignobles de vins rouges, qu'il a jugés les plus propres
à recevoir les vins blancs : et le commerce a raison.
Un vin blanc d'un crû trop substantiel, ou d'un
autre trop chargé d'engrais, ne peut jamais se dé-
charger assez pour laisser prendre au vin rouge une
couleur nette et homogène ; et ce vin, ainsi allié,
est prompt à graisser ; mais un vin blanc, qui vient
d'un sol léger et crayeux, est excellent pour couper ;
il donne aux vins épais et chargés du midi une couleur vive et brillante, ils semblent faits l'un pour
l'autre ; et, coupés dans de justes proportions, le
vin est infiniment meilleur à boire qu'ils ne le seraient l'un et l'autre séparément ; en Bourgogne, le
vin de Saint-Brix a une grande réputation pour
couper les vins rouges ; les petits vins blancs d'Anjou

sont presque tous destinés à cet usage en France et dans l'étranger.

P. S. Nous prions tous les œnologues qui auraient des observations essentielles à faire, de nous les faire parvenir : ce n'est que par de telles communications qu'on pourra déterminer les meilleurs modes de la vinification.

FIN.

TABLE

DES MATIÈRES.

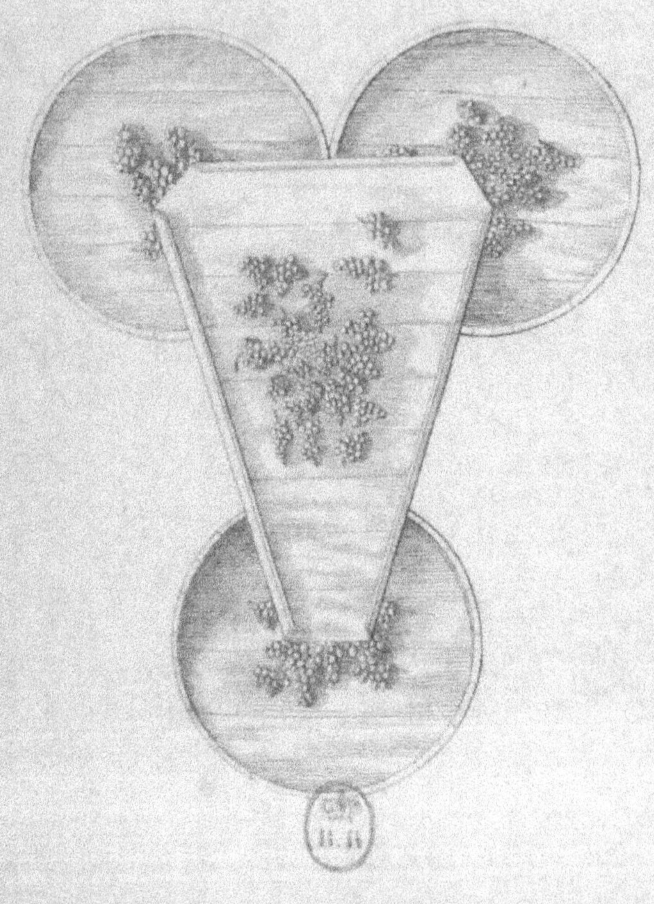

Cours d'Agriculture Tom. 14. Page 456.